犬のしつけと訓練法

オールドッグセンター
藤井 聡 監修

西東社《せいとうしゃ》

はじめに

人間が犬を飼う習慣は、1万年以上前から始まったとされています。長い歴史のなかで、人間と犬との関係は近年ますます密接なものになってきました。

休日の公園では、犬を連れ散歩をしている人たちをあちこちに見かけます。高速道路のサービスエリアでも、犬と一緒に休憩をしている家族連れは珍しい光景ではなくなりました。ペットと一緒に泊まれるペンションも増えました。

犬と一緒に暮らす生活は楽しいものです。ペットというよりコンパニオン（伴侶）アニマルとして、家族の一員としてだけでなく、社会の大事な構成員として愛される時代になりました。

犬の従順さや賢さ、人へのなれやすさなど、その愛らしさは私たちの生活に他では得られない潤いと充足感を与えてくれます。

しかし、犬を飼う方が増えていると同時に、犬をめぐるトラブルも増えています。飼い主の間違った愛情とつき合い方が、かえって犬にストレスを与え、さまざまな問題を引き起こしている場合が大部分のように思われます。

そこで、ぜひとも必要なのが犬の特性を理解したうえでの「しつけ」と「訓練」です。

飼い主が犬の持つ生理や本能を理解し、リーダーになることができれば、人間社会の中で暮らす犬にとってもストレスのない安心した生活と人間との信頼関係が生まれます。

飼い主のいうことをきかない「困った犬」は、犬のいうことに服従してリーダーシップのとれない「困った飼い主」に問題があり、決して「困った犬」が最初から生まれたわけではないのです。

「しつけ」と「訓練」は、犬にとっても大切で必要なことであることを、本書で十分理解していただきたいと思います。親が子どもの「しつけ」や教育に力を注ぐと同じように、犬にも「しつけ」や「訓練」がなされてはじめて、人間社会で暮らす犬の素晴らしさが発揮されます。

現代人にとってペットはますます心を癒し、生活を豊かにする存在になっています。

とくに、これから初めて家族の一員として犬を迎え入れようとしている方々にとって、本書がお役に立つことを願っております。

監修者

CONTENTS

『犬のしつけと訓練法』

PART 1

犬の本能と習性 …… 9

PART 2 犬のしつけと訓練　49

訓練の応用　芸を教える

生活のしつけ　137

PART 3

犬の感覚機能

PART 1

犬の本能と習性

効果的にしつけるために
知っておきたい犬の本能

犬はしゃべることができません。
しかし、犬をよく観察していると
うれしいとき、悲しいとき
怒ったときなどにさまざまな感情を
体いっぱいで表していることに
気づきます。また犬には
犬特有の行動や習性があります。
そうした感情表現や行動は
犬が本来的に持っている
本能や習性によるところが
大きいものです。したがって
犬とともに生活するうえで、また
しつけや訓練をして楽しむときにも
犬が何を考え
どのように行動したがるのかを
理解しておくことが大切です。

本能のいろいろ

犬の行動を犬の持つ本能から研究することは、古くから行われてきました。最近の動物行動学では、本能的に見える行動を「動機づけによるもの」「生まれつきのもの」「反射作用によるもの」などの方面からとらえることが主流になっていますが、ここではしつけや訓練をするにあたってわかりやすい、左ページの分類方法に従って考えてみましょう。

ここに示した本能は、人間にならされ飼育される以前の野性時代から犬が持っているもので、自己や種族保存のための本能です。こうした本能は、現在の犬にも遺伝的に伝わり、いろいろな行動に色濃く現れることがしばしばあります。

犬が何を考え、どのように行動したがるかを理解しておくことは、犬をしつけるうえで非常に重要だ

なかでも、社会的本能と栄養本能は、犬をしつけたり訓練するにあたって理解しておきたい本能です。

犬の本能

- 社会的本能
- 逃走本能
- 自衛本能
- 運動本能
- 繁殖本能
- 栄養本能

社会的本能

群棲本能
群れで生活しようとする本能

権勢本能
相手が弱ければボスになろうとする本能

服従本能
強い相手にはよろこんで従う本能

監守本能
自分のものを守ろうとする本能

防衛本能
群れの安全性を確保する本能

警戒本能
外敵を察知しほえたてる本能

闘争本能
縄張りや群れを守るために戦う本能

帰家本能
群れに戻るための方向感覚が鋭い本能

栄養本能

狩猟本能
獲物を狩る本能

捜索本能
獲物を探す本能

追求本能
獲物を追う本能

持来本能
獲物を持ち帰る本能

社会的本能

群棲本能 ①

群れで生活しようとする本能

**群れをつくってすみ、縦型の上下関係をつくり、
群れの統制をとる順位制度があります。
犬は家庭内を「わが群れ社会」と認識して行動しています。**

飼い主の家族も群れの一員と考える

犬は祖先であるオオカミの時代から群れをつくって生きてきました。群れをつくる目的はエサを捕食するための狩猟と、危険な外敵から身を守る防御の体制が効率的に行われるためです。

草食動物も、無防備になりがちな摂食時間をおびやかされる存在にあることから、危険を察知するために群れでの警戒行動が知られています。群棲《ぐんせい》することは、いつもだれかが警戒し危険を感知して知らせることができるため、そのぶん摂食時間と安全を確保できる保証制度になっているのです。

また、犬は群れから離れ、孤独になると分離不安となり、ストレスからむだぼえをしたり家具などを壊す破壊活動を起こし、これが習性化する傾向があります。

たとえば、捨て犬はだれの後でもついていきたがりますが、これも分離不安による仲間を求める行動です。たとえ運よく拾われることになっても、分離不安の後遺症が残る場合が多く、群れから離れたことの精神的・肉体的な衝撃はかなり大きいものと考えられます。

こうした群れて生活しようとする本能は、人間との関係にも引きつがれ、犬は飼い主の家族を群れの仲間と思っているのです。

もともと群れて生活してきた犬は、兄弟から離されるようなことがあると、分離不安になるケースが多い

オオカミはチームプレーで獲物を追い、捕らえ、チームプレーで外敵から群れを守る。群れから外れることは“死”を意味し、生きていけなくなる

仲間から離されたことの精神的・肉体的なダメージはかなり大きく、分離不安の後遺症が残ると、ストレスからむだぼえをしたり、家具を壊すなどの破壊行動を起こすこともある

オオカミの習性を受けついだ犬は、飼い犬になっても、飼い主一家を群れと見なし、自分自身も群れの一員であろうとする

社会的本能

権勢本能②

相手が弱ければボスになろうとする本能

群れの仲間がいつも従属的な行動をとっていると、主導的行動をとってボスとして君臨しようとする意識を生みます。犬のいいなりに対応するのはやめましょう。

リーダーになろうとする

群棲する動物にはグループを維持するための統制が必要となり、ボスを頂点とした縦型の順位制度ができます。あそび（遊戯行動）のなかでも相手の強弱によって自己の順位を知り、もともと支配欲（支配性）があるところから、たえず相手が弱い対応を見せると優位に立とう（優位性）とします。

特に生後1歳（早い犬では7、8か月ごろ）から3歳ぐらいまでは強い支配意欲を示すので、愛情過多から犬のいいなりに欲望を満たしてやるような甘やかした対応をしていると、犬は自らをボスと考えるようになります。そして飼い主や家族を従属者と見なし、飼い主にとびついたり、じゃれて手足をかんだり、マウントしたり、やりたい放題の行動を見せます。

こうした優位性誇示行動を許しておけば、いずれは人を支配するようにな

群れには必ずトップのリーダーがいて、能力や強さでナンバー2、ナンバー3の順位が決められていく

じゃれ合って遊んでいるときも、相手の強弱によって自分の順位を知り、相手が弱い対応を見せると優位に立とうとする

り、服従しない飼い主には威嚇・攻撃する犬もでてきます。

以上のような行動は権勢本能から発揮されるものですが、この本能は飼い主の甘い対応で強化され、犬は下位のもののいうことは聞かないばかりか、わがままが強くなります。

権勢本能によるさまざまな問題行動が発生すると、犬自身も飼い主家族もストレスがたまり、犬は短命、飼い主も頭が白くなるほどに悩むといった笑えない現実に直面することになりかねません。絶対に早期に摘んでおかなければなりません。

■権勢症候群の犬が見せる行動

●マウンティング
支配性を誇示している遊戯行動
●とびつく
飼い主を自分と同順位か下位と順位づけた支配意識行動
●じゃれてかむ
優位性を顕示する行動

社会的本能

服従本能 ③

強い相手にはよろこんで従う本能

ボスがリーダーシップを発揮していると
従属的な行動をとり、
群れの中で平和に暮らそうとするための本能。
飼い主がいつも主導的対応をすることが大切です。

リーダーに従おうとする

群れの中で生活するための社会本能で、相手が強ければ服従して平和な生活を営もうとする種族保存欲です。犬にとって頼りがいのある飼い主と思われるようにリーダーシップをとって、「飼い主がボスである」という態度で対応していれば、服従本能は強化され、従順で素直な犬に育っていきます。

元来、犬には従属的行動をなんの抵抗もなく自然に受け入れることができるため、服従することによるストレスはありません。逆に、安定した精神状態が保たれ、健康で人から愛され、犬自身、長命で幸せな一生を過ごすことになります。

相手の体に前足をかけた優位の姿勢。相手の目をじっと見すえるのも優位の示威行動

あおむけになって腹を見せた子犬の姿勢は負けの姿勢。飼い主になれて服従性が高まれば、こうした姿勢を見せる

社会的本能④ 監守本能

自分のものを守ろうとする本能

自分が獲得したエサや物を横取りされないように守ろうとする本能。こうした本能は、羊を守る牧羊犬などに利用されて人間の役に立ってきました。

獲物などを取られないように守る

犬には自分が属する群れの領域や仲間を奪われたくないという本能があります。人間は昔からこうした本能を積極的に利用して使役犬としてならしてきました。牧羊犬でも外敵から羊を守る防衛専門犬種が多く知られています。

飼い主や仲間の犬に尿をかけたり、犬舎内の空の食器やおもちゃを取ろうとすると威嚇する犬もめずらしくありません。こうした行為は、自己所有を顕示する行動です。専門的な訓練科目にも物品監守の教科がありますが、このような監守本能を利用した訓練なのです。

おもちゃなどを取ろうとすると、自分のものを奪われたくないという意識が働いて威嚇する

羊も自己が属する群れの仲間。牧羊犬は羊や牛を誘導したり、群れからはぐれるのを防ぐ役割を担ってきた

社会的本能

防衛本能 ⑤

群れの安全性を確保する本能

わが子や群れ・巣を守り、順位闘争のためにも
威嚇や攻撃行動を起こそうとする本能。
家の人が他人と争っているときなどに必死で守ろうとします。

●群れなどを守る

飼い主としての家人が他人と身体的に争っている場合はもちろん、単に触られたようなときでも、犬は攻撃を受けていると考え、家人を守ろうとその他人に攻撃をしかけることがよくあります。また、自宅の猫をよその犬が襲おうとしたとき、猫を守るためにその犬を攻撃する犬もいます。

こうした行動は防衛本能が発揮されたものです。

なかにはレトリーバー種などのように、見知らぬ侵入者に対しても狂喜するがごとくまとわりつく犬もいますが、これは他者に会いたい気持ちと、これを排除しなければという気持ちが同時に働くことによって生じる葛藤行動の現れなのです。

防衛本能は、生まれたばかりの子犬がいるときや巣を守ろうとするときに、より強く発揮されます。

防衛本能は生まれたばかりの子犬を守ろうとするときに、より強く発揮される

社会的本能
警戒本能 6

外敵を察知し、ほえたてる本能

自己の住む縄張りをつくり、
守るために警戒し、他の者の侵入を警戒してほえたてます。
犬がほえる基本的本能習性です。

縄張りを守ろうと警戒する

家庭敷地内（テリトリー＝縄張り）に侵入する外敵を追い払い、群れや縄張りを守ろうとする本能です。

犬の先祖であるオオカミの本能は現在の犬にも色濃く伝わっています。嗅覚、聴覚などの鋭敏な感覚器官は、本能的に外敵の接近を感知し、素早く警戒行動をとり、ほえることによって自己や群れの安全を守ろうとします。

こうした習性を、人は原始の時代から利用して警戒に役立ててきました。警戒本能は番犬として重宝がられ、現在でも利用されています。

このように、犬はほえたてて警戒をする動物ですが、神経質で臆病な犬ほど自衛本能をより強くもち、ほえ、飼い主を困らせる原因にもなっています。

ほえて警戒するのは犬の本能だが、神経質で臆病な犬ほどうるさくほえる傾向がある

犬にとってほえるという行為は、その犬が属する人間集団も含めて、群れのほかのメンバーに対する警告である

社会的本能
闘争本能 ⑦

縄張りや群れを守るために戦う本能

**犬は何か危険を感じたり、
自分のテリトリーが侵されそうになったとき、
また順位をつけようとするとき、
激しく威嚇し、ときには闘争に発展することもあります。**

必要とあれば戦う

獲物を襲うときや、テリトリーを守るため外敵（侵入者）との闘争、順位制における支配闘争など、犬にはそれぞれの本能に関連する攻撃行動が現存しています。

群生するためにはリーダー（ボス）が必要であり、気質が強く、知能や体力の優れたものがその座につくことになります。しかし、肉食動物の闘争は争うもの同士の被害が大きく、できることなら威嚇で決着をつけようとしますが、つかなければ闘争に発展することもあります。

家庭内で2頭以上の犬を飼育しているが、仲が悪く小競り合いを繰り返すといった場合には、順位の決着をつけさせるため飼い主は傍観し、関与しないほうが正しいといえるケースも考えられます。

いつも飼い主が仲裁していたのでは

群れにはリーダーが生まれ、仲間を守ろうとする強い本能が発揮される。
この本能は非常に強烈で、時には自己保存本能を上回る

土佐闘犬（下）やアメリカン・ピット・ブルテリア（右）などは、犬の闘争本能に目をつけて闘犬用につくられた。飼育する場合は十分な管理が必要だ

リーダーの地位が不安定でトラブルが絶えないことになるからです。できれば自分たちで自主的に決着をつけさせるほうがよいこともあるのです。

しかし、双方ともボス的性格が強い場合にはこのかぎりではありません。成犬となった時点での争いは激しく、死闘となりかねないので、接触させない管理が必要でしょう。

特に、土佐闘犬やアメリカン・ピット・ブルテリアなど、闘犬用にこの本能を強く遺伝させてつくられた犬種も多くあります。イギリスではこうした犬の飼育を規制しているほどですが、飼育にあたっての管理には十分な注意が必要です。

ボス的性格の強い犬同士が争うとき、威嚇で決着がつかなければ、激しい闘争になりかねない

社会的本能

帰家本能 ⑧

家に帰るための方向感覚が鋭い本能

**猟に出た犬は見知らぬ土地へも出かけて行き、
獲物を得たら子どもや群れの待つ巣に戻らなければなりません。
遠くはなれたところから帰ることができるのは、
優れた方向感覚があるからです。**

猟に出ても巣に帰る

家に帰り着く本能で帰巣《きそう》本能ともいいます。遠い祖先の野性時代には30㎞におよぶテリトリーの狩猟から群れの待つ巣に戻ったり、あるいは群れの防衛のために巣に戻るといった本能習性がありました。いまだに家犬に残っている本能です。

犬は家に帰るための方向感覚が優れていて、過去にアメリカで数千キロも離れたところから家に戻った犬がいましたが、世界にこうした逸話は多く、小説や映画にも登場します。

犬は渡り鳥や伝書鳩に次いで帰家本能が優れている動物です。無線の発達していない時代には伝令犬として活躍したこともこうした事実を裏づけています。敵に撃ち落とされる心配がないだけ伝書鳩より有利な点があり、夜陰や霧にも強く、軍用犬として活躍した時代もありました。

犬は自分のテリトリーや家族に強い愛着を持ち、そこに向かって帰ろうとする本能がある。その欲望の強さが、長い月日や距離があっても帰家を可能としている

栄養本能

狩猟・捜索・追求・持来の各本能

犬はかつて肉食の動物でした。
獲物を探して追跡し、猟を行って持ち帰るのは
生きていくために必要な本能です。
こうした本能は現在の犬に強く残っています。

●生存に不可欠な本能

これらの各本能は獲物を得るための狩猟意欲、捜査意欲、足跡追求欲、持来欲となって現れるものです。こうした本能に関する行動は、食欲を満たす基本感覚によって生じるため、空腹状態にあるときほど、その能力や意欲が高まります。

犬はかつて肉食の動物でした。しかし、家畜化し、なんでも食べる雑食性に進化して、生存が容易になっても、栄養本能はいまだに残っています。

生きていくためのエサを得る第一の本能ですから、この本能を利用して猟犬をつくることは比較的容易でした。また、犯罪人や行方不明の人を捜索し、足跡やにおいをたどって発見します。

ドッグレースでは、擬似うさぎを追い観衆をわかしていますが、これも犬の持つ追求本能によるものです。ボールを投げると持ってくる持来本能も色

狩りに出るフォックスハウンド。獣猟犬のフォックスハウンドは鼻を地面につけて足跡臭、血痕などの遺留臭をたどって獲物を追跡する

ポインターは浮遊臭をたよりに獲物の鳥を追い求める。獲物を確認すると静止し、ハンターにその場所を教える

濃く残されています。

人間はこれらの本能を訓練に利用して、犬の積極的な作業意欲を開発しながら作業犬をつくってきたのです。

浮遊（空気の中にただよう）臭気や足跡のにおいをたよりに獲物を捜索する本能、見つければ捕らえようとする追求本能、捕らえた獲物をくわえて巣に持ち帰る持来本能は、すべての犬に継承されています。

しつけや訓練に際して、犬に対して報酬を与えることが、犬の積極的な訓練行動を導き出し、よろこんで行わせ

獲物を運んでくるポインター。ハンターが撃ち落とした鳥を探して運んでくるのは持来本能が発揮されてのもの。人間はこうした犬の本能を利用して、優秀な猟犬をつくってきた

ることを可能とします。犬の持つ栄養本能を満たしてやることにつながるからです。飼い主から愛情深く接しられ、エサを得たりボールを追うことは、犬にとって最大級の報酬となるのです。

空腹時の訓練が効果が高いのも、栄養本能からくる行動に基づくところが大きいからです。特に嗅覚は、通常の4～5倍に感度が上昇するといわれているほどです。

ドッグレースで活躍するグレーハウンド。獣猟犬だが視覚をたよりに猟をするタイプの犬。超スピードの足を持つことから、疑似うさぎを追うドッグレース犬として活躍している

犬の歴史
人間とのつき合い

私たち人間は、さまざまな動物とつき合いながら生活しています。
そのなかでも犬とはもっとも古く、また深いつき合いをつづけてきました。
ここまでの道のりには長い歴史がありますが、
これからも犬との関係はより一層強くなることでしょう。

犬の祖先

犬の祖先は直接的にはユーラシアにいたタイリクオオカミ説が有力ですが、犬もオオカミも同じ祖先から生まれたという説もあり、いまのところはっきりしていません。時期にしても約5000万年前から2～3000万年前とさまざまです。近い将来、遺伝子のDNA研究がすすむことで明確になるでしょう。

タイリクオオカミ●かっては北半球各地に多くの種類が棲息したが、現在ではアジアと東ヨーロッパ以外ではほとんど姿を消している

たしかに、両者はとてもよく似ています。外観、骨や歯の形数、妊娠周期、行動様式などたくさんの共通点がみられますし、なによりも両者が交配すると子どもが生まれ、その子どもも繁殖力を持っているのです。イヌ亜属にはオオカミの他にもディンゴ、コヨーテなども含まれますが、これらとも犬は交雑があり、それが現在のような多様な犬種が生まれたいきさつにかかわりがあると考えられています。

犬から家犬（イエイヌ）へ

もともと、犬は野性のオオカミやコヨーテのように、群れをつくって生活する動物でした。このことは、犬の特性を形づくると同時に、人間とのつき合いがはじまる要因ともなりました。つまり、狩猟生活をしていた人間にとって、犬が外敵に対して持つ高い警戒能力や反撃する能力は、有力な武器のひとつになることを知ることになりました。

犬もまた、人間の食べ残しを与えられることにより、人間をリーダーとする群れに入れば、エサの心配をしなくてもすむことをおぼえていきました。これが約1万2000年～1万4000年前のことのようです。メソポタミアなどの遺跡から明らかに家畜化された犬、つまり

盲導犬●盲導犬として活躍するゴールデン・レトリーバー。温和で知能が高く、がまん強い性格。地雷探知をする軍用犬、救助犬、捜査犬、介助犬などとしても、人間社会の最良のパートナーとして活動している

コヨーテ●オオカミより小柄で、耳が大きいのが特徴。現在も北アメリカや中央アメリカの平原に棲息している

ディンゴ●現在もオーストラリアに棲息する野性犬。1万年前にアジアからの移民が連れてきた犬が野生化したといわれる

「家犬」と思える遺物が出土しているのです。

このように、お互いの利益が一致して、犬が人間とともに暮らすようになると、人間は犬を訓練（学習）させることにより、その活用範囲を広げていきました。それと同時に有能な犬の選択繁殖にも力を入れることで、その目的に適性な犬種を育てていったのです。番犬、狩猟犬、牧羊犬、戦闘犬、そして愛玩犬にと、犬は人間とより広く、より深くつき合うようになっていきます。

現在でも犬の活躍の可能性が広がっていることは、介助犬や救助犬に知ることができますし、愛玩犬というより人間のパートナーとしての存在になってきています。

こうした関係がつくられた原因には、犬が集団に慣れていて、しかもリーダーには絶対服従する習性があることと深い関係があります。つまり犬は人間の飼い主をリーダーとして認めて従っているのです。人間に忠誠を示すのではなく、リーダーに忠実なのです。このことは犬を飼ううえで、まず第一に理解しておきたい犬の本能なのです。

効果的にしつけるために
知っておきたい犬の習性

犬も感情や意志を持ち、表情やしぐさ、いわゆるボディーランゲージ（体全体を使った「言葉」）で表現しています。犬たちの「言葉」を少しでも理解できたら、犬とのつき合いはより深まるでしょう。

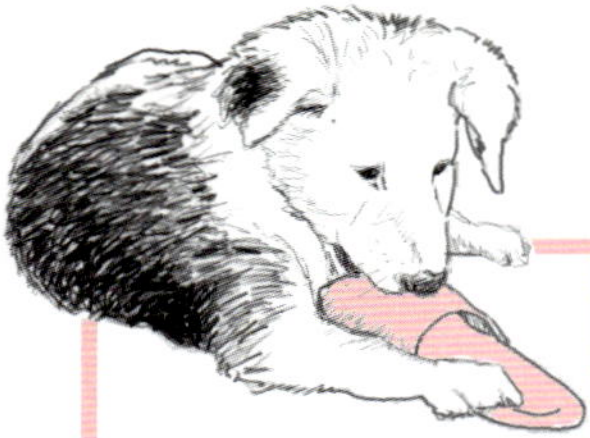

スリッパやおもちゃを振り回して遊ぶのは？

あんな習性●こんな習性 1

捕獲した獲物にとどめをさそうとする行為で、狩猟本能が遊びのなかに現れているのです。

野性のイヌ科の動物は母親が獲物を振り回しては地面に叩きつけ、半殺しの状態にして子どもに与え、それを繰り返し学習させて捕獲意欲を強化させます。家犬になってもこの習性は残って、スリッパやおもちゃを振り回して狩りをまねた遊び（練習）をしているのです。

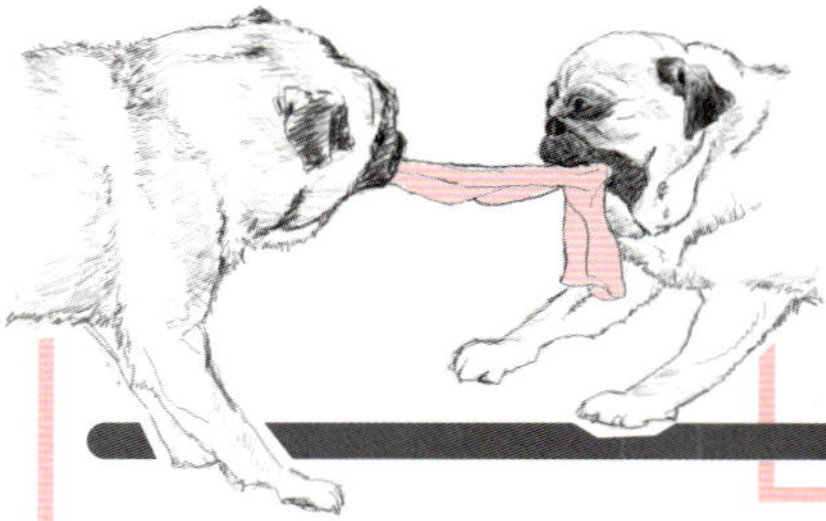

引っ張りっこが好きなのは？

あんな習性●こんな習性 2

群れで獲た獲物をグループのみんなで競って食べ、残り少なくなると取り合うために引っ張り合いをする習性で、さまざまなものを取り合う先取り意識が、優位性も働いて懸命に引っ張るのです。くわえているものを引っ張ってやると懸命に引き戻そうとします。

訓練をする場合は、この習性を利用して持来意欲を高めたり、防衛訓練のかみついたら離さないような強化訓練に応用しています。

エサを与えるとガツガツ飲み込むのは？

あんな習性●こんな習性 3

犬は元来肉食獣であったために、現在の犬も肉食獣独特の歯の形をしています。野生の犬は、群れで獲物を倒して肉を切り裂き、大まかに食いちぎって食べていたために、われ先に急いで食べ、丸飲みする必要がありました。その習性が残っているのです。

犬には草食動物のような臼歯はないので、よく咀嚼《そしゃく》することができません。健康な犬はガツガツ飲み込むのが普通で、好物ほど、瞬時に飲み込む習性があります。神経質だったり、食欲の弱い犬ではいやいや食べているような食べ方をする犬もいます。

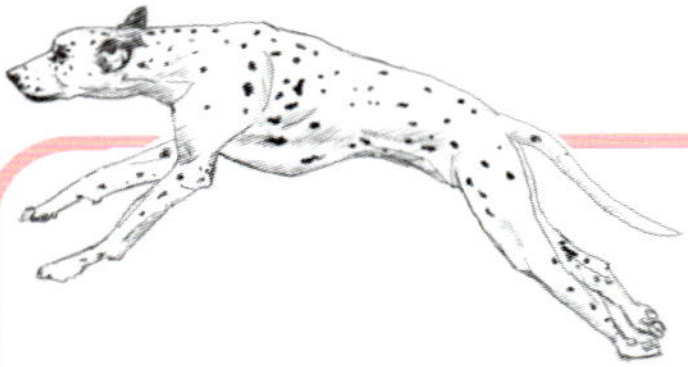

逃げるものを追いかけるのは？

犬の狩猟本能で、逃げまどう獲物を追いかけ、捕獲しようとする習性です。広場などで飛び回って遊んでいる子どもたちを襲ったり、ランニング中の人にかみついたり、通行中の自転車・バイク・車など、走るものを反射的に追いかけることがあります。この習性は、失敗するたびに強くなる傾向があるようです。

子犬のうちからそうならないように社会性をつけることが必要ですが、大きくなってからでも矯正は可能です。敵意を好意的感情に変える系統的脱感作法と、飼い主が強いリーダーシップを示すことが効果をあげます。

特に視覚ハウンドと呼ばれる犬種は、この習性を強く持っているものが多く、子犬のときから十分な社会化馴致《じゅんち》を心がけておいたほうがよいでしょう。

ボールなどを投げるとくわえてくるのは？

あんな習性●こんな習性 5

犬が物をくわえてくる意欲を専門用語では持来欲といいます。本能の項でも述べましたが、野性の昔、狩猟して得た獲物をくわえて安全な巣に持ち帰る本能が、投げた物を追う、捕らえた物をくわえてくるという遊び（遊戯性）の行動に変化して残っているのです。

●持来欲を高める方法

ボールで犬を遊んでやる方法があります（写真は木製ダンベル使用）。最初は空腹時にボールを獲物として扱うようにして、犬が夢中になったらほめてやり、飽きないうちにやめるようにして、犬の意欲をつのらせておきます。

普段ボールはしまっておくと、ボールを見たら狂喜するようになります。

最初にボールを投げてくわえたときは必ず持ってくるものですが、そこですぐに取り上げてしまうとどんな犬でも次には獲物を取り上げられまいとして二度と持ってこなくなります。

最初にくわえてきたら絶対ボールは取らずに、ほめてやり、犬に十分な優越感を与えます。犬がボールを離したらもう一度投げてやりますが、離さないようであればエサを鼻先にもっていって、犬が離した瞬間にエサを与えてボールを取ります。または、他のボールを見せてくわえているボールを離したら交換のボールを投げてやる方法もあります。いずれにしても犬が獲物を取られたという感情を起こさせないようにすることが肝心です。

ボール遊びは、楽しみながら健全な犬に鍛えていくことができます。ボールが欲しいがために、積極的に命令に服従するようになり、従属性を強めるために効果が高い方法といえます。

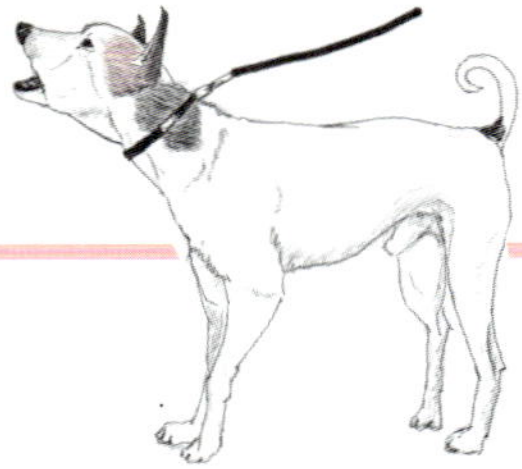

散歩に連れて行こうとすると、はしゃぐのは？

犬は散歩が大好きです。散歩に出かけようとリードを見せたときなどに大よろこびしてはしゃぎ回ります。こうした行動は、野性の時代に群れで狩猟などの行動を起こす前の、儀式的な習性行動の名残です。団結を促進する効果を生みました。

興奮して調子づいた犬を、そのままの状態で散歩に連れ出すと、犬のほうが主導権を取りやすく、人を引き回したり、すれ違うものにほえるなどの横暴な行動をしがちです。飼い主は犬の興奮をおさめ、ボスとしてリーダーシップがとれる状態になってから連れ出す必要があります。

犬がはしゃいでいるのを、喜んでいる楽しそうな行動だと思ってほほえましく傍観していると、やがて制御できないことになる恐れがあるので、注意しなければなりません。

鼻にしわを寄せて威嚇するのは？

あんな習性●こんな習性 7

犬が威嚇行動をとるときは、鼻にしわを寄せてうなり声をあげ、ときには歯をむき出して表現します。闘争してダメージを与え合うより、できることならば闘わずして相手を制することができればという心理はすべての動物にあると思いますが、肉食動物が闘争すると特に被害が大きいため、闘争を避けながら優位に立とうとする行為が威嚇というかたちになるのです。

神経質で気弱な犬ほど、自衛本能を強く持っていて、威嚇もより強く行います。威嚇することによって相手が脅えることを学習し、しだいに自信をつけた犬は、ひんぱんに威嚇をするようになり、やがてかみぐせがつく場合もあります。

子犬のうちから人に従順に接するしつけが不足して、権勢症候群と化した犬も、このタイプになりがちです。また飼い主がすぐ怒り、犬をたたく習慣があるときにも、犬は人に対する信頼性をなくして懐疑的な性格になります。そして、物ごとを悪感情でとらえるようになり、なにかと威嚇をする犬になってしまいます。

そのような犬には、まず飼い主が誠実で主導的なつき合い方をして、犬から信頼感を得ることが重要です。小さいときから環境に慣れさせることで、おびえたり、攻撃的な性格をなくし、友好的な犬に育てることを心がけましょう。

電信柱や塀などにオシッコをするのは？

あんな習性●こんな習性 8

犬は、散歩のたびにオシッコをしますが、これは単に排泄作用だけをしているのではありません。特にオス犬は、散歩の途中、何回にも分けて電信柱や塀などにオシッコをひっかけますが、これはマーキングといわれる一種の縄張り行動をしているのです。

つまり、「ここはボクの縄張り（テリトリー）だぞ」というしるしをつけて回っているのです。ですから、自分の散歩コースに他の犬のオシッコのにおいがつけられていれば、その場所の上にさらに自分のオシッコをかけて、そこが自分の縄張りであることを主張します。

オス犬が片足を上げてオシッコをするのは、オス犬にとって、オシッコは自分の縄張りを示す大事なもの、いわば名刺のようなものといってよいでしょう。

だから、しゃがんで、単に地面にそのまま放尿してしまうよりは、片足を高く上げて電信柱や杭などの突起物にできるだけ高くひっかけたほうがよいことになります。それだけ、他の犬に優位性をアピールできるからです。

ただし、オス犬も生後8～9か月ぐらいまでは、メス犬と同じようにしゃがんで排尿をしています。

また、飼い主や仲間の犬にオシッコをかける犬もいます。よその縄張りに出かけたときにする行動で、自分に所属するものとしてマーキングしている習性行動です。権勢本能の強い犬や、自己所有欲の強い犬によく見られます。

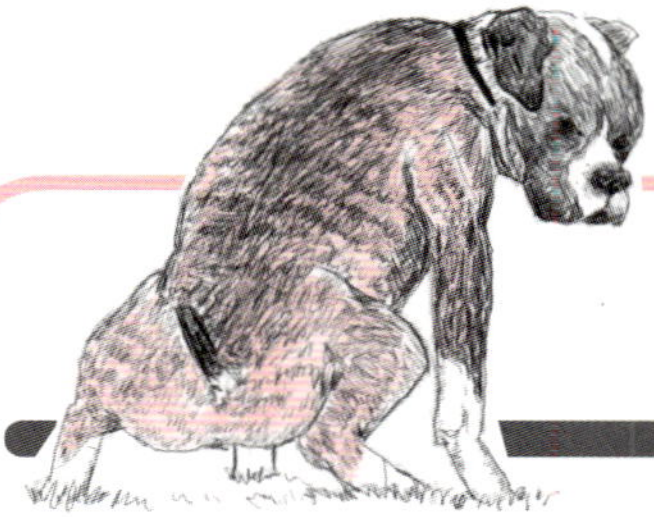

排尿・排便後に地面を引っかくのは？

あんな習性●こんな習性 9

マーキング（においづけ）した位置を誇示する行動で、習性のひとつです。自己顕示欲の強い犬が見せる行動で、生意気な犬は必ずやるものです。飼い主は犬のなすままに見ていないで、土を散らかしてよその人に迷惑をかけることを防ぐためにも、毅然とした態度で犬を制御する必要があります。

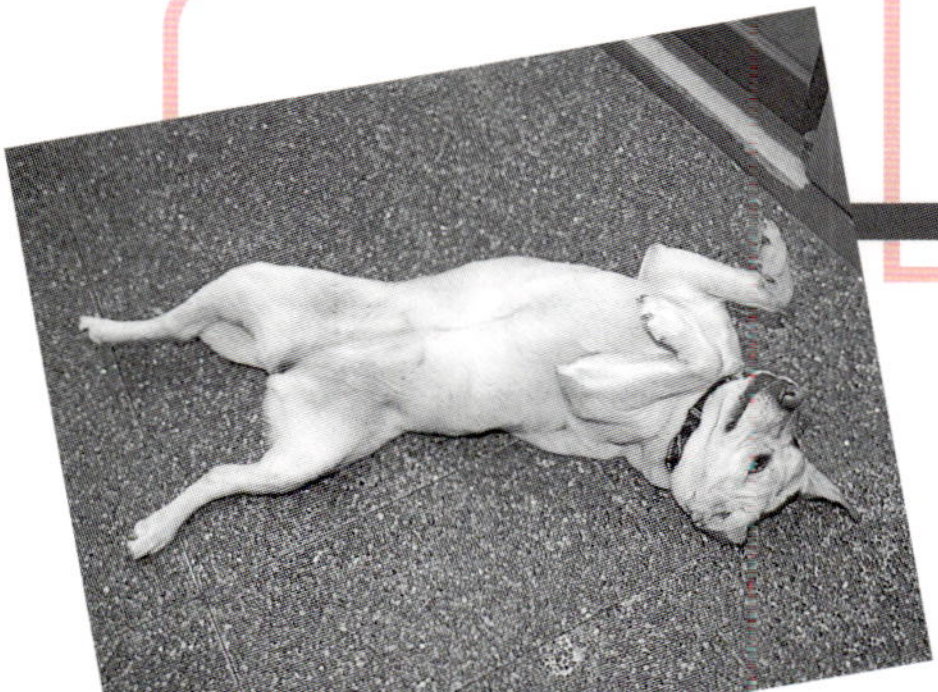

地面をころげ回り体をこすりつけるのは？

あんな習性●こんな習性 10

散歩に行ってリードを放して遊ばせているときなどに、犬は地面の腐臭をかぎつけるところげ回って、そのにおいを体にこすりつけます。特に古くなった糞便などの上をころげ回るのを散歩の際に経験した人も多いと思います。これは狩猟本能からの習性で、自分のにおいを隠して変装したつもりになっている行動なのです。

犬同士で鼻やおしりをかぎ合うのは？

鼻をかぎ合うのは、あいさつをしている行動です。また、相手の犬をいたわり合うときにもこうした行動を見せることがあります。飼い主が疲れてぼおっとしているようなときなどにも、犬は鼻ににおいをかぎに近寄ってきます。「どうしたの？」という意味でしょう。

おしりをかぎ合うのもあいさつの一種です。肛門には肛門腺という分泌腺があって、そこからそれぞれの犬の個体臭が発散されています。

犬は互いに対決を避けるために、正面から向かい合わず、相手の後ろに回って頭を下げ（下手に出る）てにおいをかぎ合い、あいさつをかわしているのです。

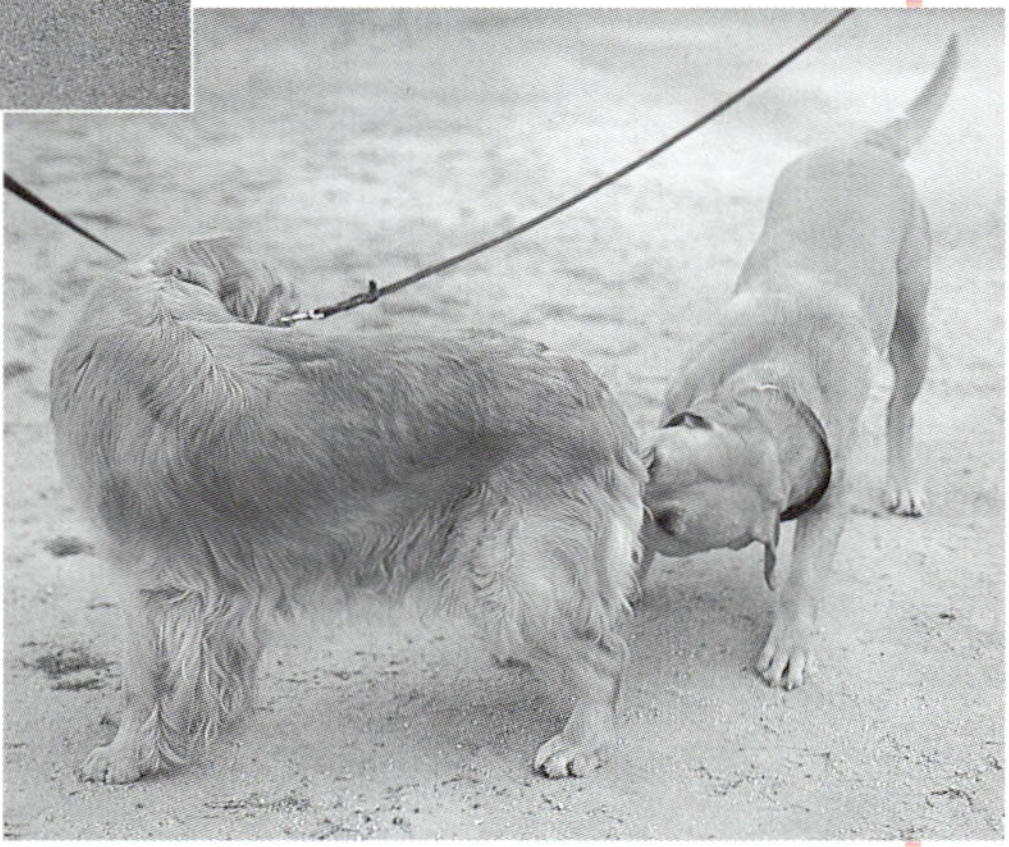

社交性がない犬では、尾を脚の間に挟みこんで、においをかぐことを拒み、攻撃することもあります。こうした犬は他犬との接触が十分になされてこなかったことに原因が考えられます。小さいときから神経質な犬にはならないように社交性を育てることが大切です。

飼い主の顔や手をなめるのは？

親愛の情を表す動作のひとつで、人が犬をなでるのと同じことです。従属的な性格の犬のほうがよく行いますが、よろこんでいるとますますしつこくなる傾向があるので、無視するほうがよいでしょう。無視することは、飼い主の威厳を見せることに通じ、好ましい結果を生みます。

飼い主の口をなめるのは、エサをねだる行為です。離乳期の子犬時代から母犬の口のまわりをなめ回して、エサを吐き出してもらう習性の延長行動と考えられます。

ビションフリーゼ

背中の毛を立てているときは？

あんな習性●こんな習性 13

過敏な犬、気質面で弱い犬、自衛本能の強い犬ほど背中の毛を立てて、精神的な不安状態を表します。

犬が尾を振ったり、毛を逆立てたりするのは自律交換神経の働きです。毛が逆立つのは自律神経が毛根部にある立毛筋を作動させ、収縮させて起こりますが、自律神経は不随意神経で、意識的に作動させることはできません。人が恥ずかしいときに顔を赤らめるのもそうですが、自動的に働く神経なので、体を大きく見せようとして毛を逆立てるという説は考えられません。

安定した精神状態では立毛筋は弛緩し、毛は寝ています。

自律神経とは関係なく、毛が立っている種類の犬がいます。開立状毛種といいますが、ダブルコート（二重毛＝一つの毛穴に1本の主毛と多数の副毛を持つ）で副毛が圧倒的に多く、それが主毛を支えているために毛が立っています。ポメラニアン、チャウチャウ、ビションフリーゼ、プードルなどがそれです。

ポメラニアン

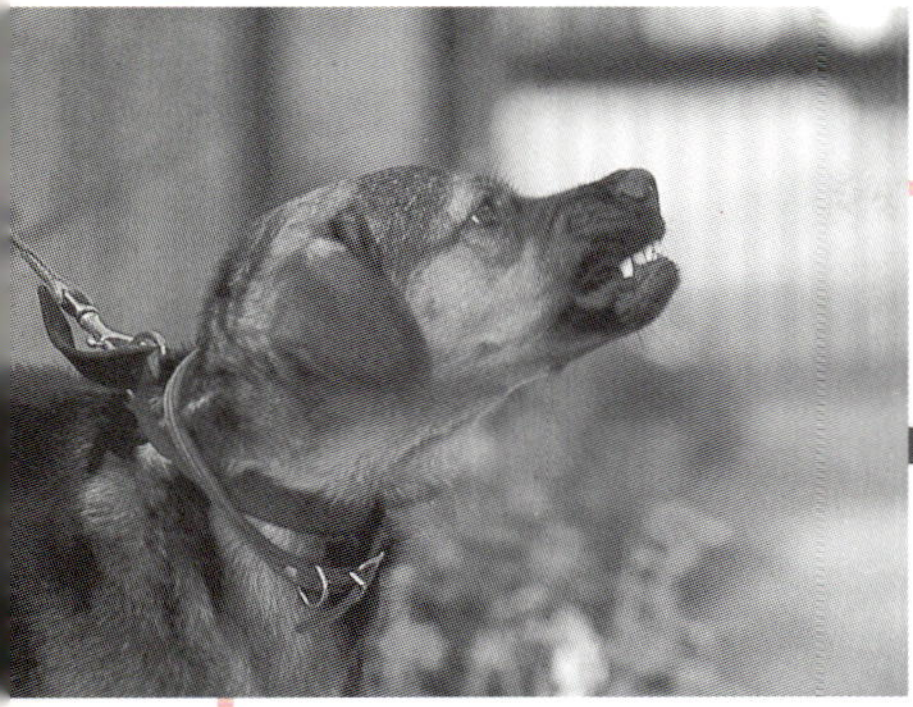

鼻梁にしわを寄せ、上唇を上げて歯を見せているのは？

三つのパターンがあり、威嚇と笑みとフレーメンです。

〔威嚇〕肉食動物の闘争は被害が大きく、できることなら威嚇で決着をつけたい場合に行います。生まれつきもっている習性ですが、学習によって多用する犬もいます。

〔笑み〕顔全体の筋肉がゆるみ、目つきもやさしくなります。上唇は少し持ち上がって歯が見えるときもあり、耳を寝かせて甘え、体全体でよろこびを表すような動作をします。

〔フレーメン〕カチカチと上下の歯を合わせて音を出し、上側の切歯列の裏側にある穴（ヤコブソン器官）から相手の発情臭を吸引するときの表情です。よだれを出す場合もあります。

人の周囲をグルグル回るのは？

よその家を訪問したときなどに経験することですが、犬が訪問者のまわりをにおいをかぎながらグルグル回り、ときにはとびつくことがあります。これは、侵入者に対して支配性を発揮しているのです。

同じようにグルグル回る行動を寝そべる前に見せることがありますが、これは野性時代の習性が残っていて、寝床を踏みならしているつもりなのです。

たとえ人がきれいに寝床を作ってやっても、犬はもう一度グルグル回ってからでないと落ち着かないのです。

飼い主の前で あおむけになるのは？

あんな習性●こんな習性 16

従属的気質の強い犬は人前にきてあおむけになり、腹を見せます。これは服従を表す行為で、鼠径部《そけいぶ》呈示といいます。

母犬の子犬に対する世話行動に、子犬をひっくり返して陰部や肛門をなめることによって、排尿や排便をうながす習性があります。子犬は母犬から執拗にひっくり返されることで、服従を教えられていきますが、この服従と鼠径部呈示は月日の経過とともに消失するのが普通です。

ところが、母犬が熱心に長期にわたって世話を続けて育てた場合、その子犬は「幼形成熟」といって成犬になっても鼠径部呈示をする傾向が残る場合もあります。

座っているとき、片前足を 曲げるしぐさをするのは？

あんな習性●こんな習性 17

犬を訓練していて、特に「スワッテマテ」を命じたときなどに、犬が前足の片方を上げていることがあります。これは信頼している指導者に従属的な態度を表現しているのです。

また、自制する精神状態を表している態度でもあります。猟犬が獲物を見つけてハンターの指示を待つときにも見られます。

じゃれて手をかむのは？

あんな習性●こんな習性 18

人の手をじゃれながらかむのは、犬が優位性を発揮したいという行動です。犬同士でも遊びのなかで権勢誇示のために、お互いにかみ合うことがあります。負けまいとだんだん強くかんでいきます。飼い主が犬に優位を示しておかなければ、犬はいい気になって、ますます強くかむようになります。

こんなとき、人の肌に歯を当ててはいけないということを教えるために、子犬をひっくり返し、アゴを押さえ込んで服従を教えなければなりません。これは母犬が子犬をしつけるのと同じ方法で、大きな効果が期待できます。

飼い主がボスであることをその場で誇示しておかないと、わがまま犬の誕生につながってしまいます。

飼い主にとびつくのは？

あんな習性●こんな習性 19

とびつくのは、飼い主をボスと思っていないからです。兄弟か友達としての順位、または従属者としてしか位置づけていないからとびつくのです。犬が優位・支配性を発揮している行動です。

矯正法は、犬がとびついた瞬間に無言で両前足を持ち、大外刈りの要領で押し倒してやることです。このとき犬の顔を見ないで、倒した後もそ知らぬ顔をして無視しておくと、ボスとしての威厳を誇示したことになり、犬は従属的対応をとるようになります。

人の腕や足にからんで交尾のしぐさをするのは？

あんな習性●こんな習性 20

これもとびついてくる場合と同じで、犬が支配性を発揮しようとする行動です。決して性的な行動ではありません。子犬同士でも、活発に遊んでいる最中にマウントして優位を示そうとします。

飼い主に対しての権勢意欲が強く出はじめるころ（個体差があるが生後7か月ごろ）からが多く、飼い主がボスとして君臨していないことが原因です。前の項で述べた大外刈りの対処方法が有効です。

犬が飼い主を見つめるのは？

あんな習性●こんな習性 21

飼い主が何かを要求してくれることを求めているのです。犬が注視するときには「スワレ」とか「フセ」「マテ」など、何か命令してやり、犬がそれに従ったら答えてやるような対応をいつもしていれば、従順で素直な犬に育ちます。

犬が進行方向に体を向け、顔だけ飼い主に向けるのは多くの場合、飼い主を誘っているか、あるいは何かを見つけて誘導しているのです。

家族とお客の間に割って入るのは？

権勢意欲が強くボス的な犬で、保護者意識を強くもった行動です。甘やかされた犬で、飼い主が犬の従属者であることに甘んじている場合に多く見られます。

また、飼い主の家族が争っていたり、すもうのように組み合って遊んでいるときに間に入って止めるような行動を見せることもあります。これは防御本能から自分の主人を守ろうとしているのです。

飼い主の顔を犬が鼻でつつくのは？

水や食事を与え、犬が食べ終わったときに見られます。犬にとって飼い主の顔を鼻先でつつくことは、謝礼、感謝の気持ちの表れです。

身ぶるい、伸び、あくびをするのは？

体をゆすってする身ぶるいは、通常犬の体に水滴や砂などが付着したときに、それを振り落とすための動作ですが、それ以外にも緊張から解放さようとして、身ぶるいする場合があります。訓練中も見かけますが、そのほかに伸び、あくびも緊張をほぐすための動作です。

〔例〕

●犬が強くしかられるのかと予感したがしかられずにすんだとき――ホッとしたように身ぶるいする。

●「マテ」と命じた訓練士が犬から離れた瞬間に、伸びやあくびをする。

緊張からの解放的弛緩を求めている行動のひとつです。だらだらと節度のない訓練をしていると起こりやすいものです。

●犬のそばに近寄ろうとしたときに、犬が伸びやあくびをするのは、歓待の表現で、敵意のないことを伝える動作です。

同じように人も見知らぬ犬に接近するときは、伸びやあくびをして相手の犬の警戒を解くことができます。

散歩のとき、引き綱を引っ張るのは？

あんな習性●こんな習性 25

犬の群れではボスが先頭を行く習性があります。散歩のときも先頭を歩いて、ボスの順位を示そうとします。飼い主はボスの座を犬に譲らないためにも、引っ張られた状態にならないように注意しなければなりません。

犬を連れて歩くときは引き綱はゆるめて歩き、犬が綱を引っ張って先に行こうとしたときには、強く綱を引き寄せます。犬は引き戻されまいとよけいに引っ張るので、飼い主には強い力が必要です。

子犬のときにかわいいからと子どもなど力の弱い人が散歩に連れ出す習慣を続けていると、犬の権勢意欲を増長させることになります。犬の意のままに振り回されていると、犬は飼い主を目下の家来のように思い、いうことを聞かなくなるでしょう。犬をボスにしないためには細心の注意が必要なのです。

サイレンなどが鳴ると遠ぼえするのは？

遠ぼえは群れからはぐれた犬が仲間を呼ぶときの行為です。またはその遠ぼえに仲間が呼応して遠ぼえするのです。近年は本来の遠ぼえよりも、ある種の音質に反応して遠ぼえするケースが大部分です。犬の遠ぼえの音質と似通っているせいか3500ヘルツ以上の音を聞くと、影響されて遠ぼえを始める犬がいます。救急車のサイレンやバイオリン、ハーモニカなどの高音質でしかも伸びのある音に敏感に反応します。

うちの犬は歌うとか、もの真似するとおもしろがっている人もいますが、犬にとっては一種のストレスが発生している状況ですから、周囲の環境に気を配ることが必要です。

あまったエサなどを土の中に埋めるのは？

遠い祖先の名残です。オオカミはあまったエサを翌日のために埋めて確保しておく習性があります。前足で穴を掘り、獲物を埋めて鼻先で土をかぶせる動作は、そっくり現在の家犬にも習性として伝わっています。

エサの心配のない今の犬はおもちゃを隠したり、自由行動のできないゲージで飼われている犬などは自分の糞を鼻先で、入れてある新聞紙などで包んだようにして隅に押しやる行動を見せることがあります。

あっちこっちに穴を掘るのは？

犬は、穴掘り名人です。実際に、庭のあちこちに穴を掘られて困った経験を持っている飼い主も少なくないでしょう。

確かに犬は、穴を掘って与えられた骨などを隠したり、その中に寝たりということをよくします。

実は、これもオオカミ時代の習性の名残ではないかといわれています。その理由としては、オオカミの巣が穴を掘って作られることが多いこと、また、ウサギやキツネなど穴に逃げ込んだ獲物を、穴を掘り広げて捕らえていたこと、そして大きな獲物のときなど残った食べ物を穴を掘って埋めたことなどがあげられます。

特に、夏場の暑い日などは、穴の中に寝ることによって土からの冷気を感じ、暑さをしのいでいると考えられるからです。

ただし、犬舎のまわりや庭のあちこちに穴がたびたび掘られたとしたら、これは散歩不足の欲求不満か、犬舎が蒸し暑いなどの環境悪化と考えたほうがよさそうです。

ストレスからくる穴掘りを犬にさせないよう、飼い主は十分に気をつけてやりたいものです。

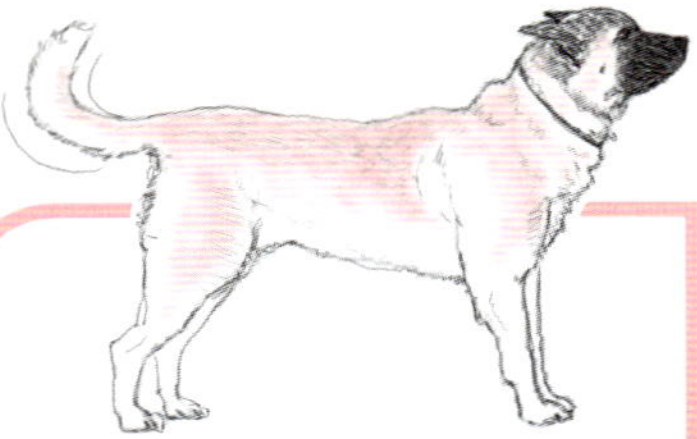

尾を振るのは？

あんな習性●こんな習性 29

犬の尾は、感情を表現している場合のもっとも目につきやすい部位です。怒り（闘争や攻撃）、不安焦燥、よろこび、欲求不満、卑下したときなどでは、興奮した感情が自律神経を刺激して、そのエネルギーの高まりが尾に抜け、尾を動かすことになります。

尾の上げ方、尾を振る強さは感情の高まりに比例しています。

立ち耳の犬が耳を寝かせて眼を細め、尾を振るときは、優位者を迎える劣位者のよろこび方です。優位者が劣位者を迎えるよろこびでは耳を立てています。攻撃行動のときにも強い尾の振りを見せます。

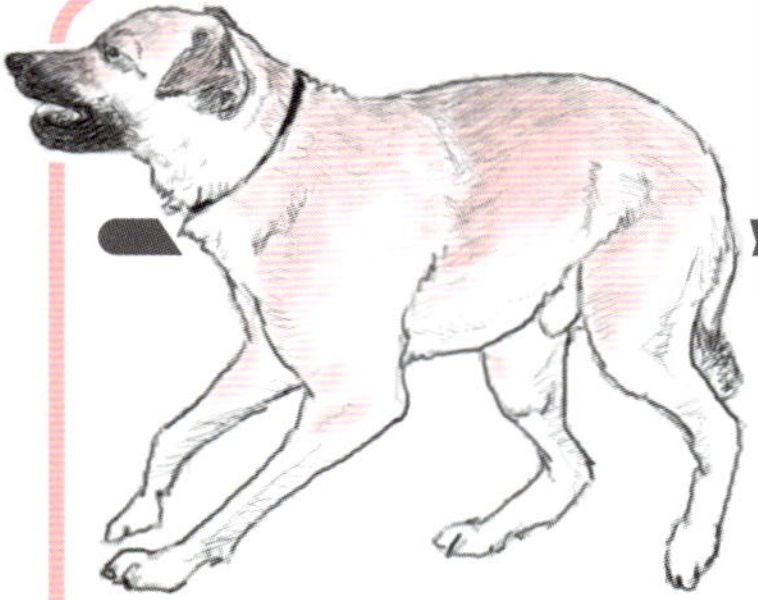

尾を巻き、耳を倒しているときは？

あんな習性●こんな習性 30

眼と耳も感情が敏感に表れる部位です。

尾を巻くことは、自衛のために体から突出した部位の尾や耳などを攻撃から守るための守備行動で、体端部分を丸めて容積を小さくするおびえの行動でもあります。自己劣位と服従の関係も表れていますが、危険な場合も多く、攻撃行動の初期動作として、耳を寝かせて尾を巻き、眼を丸くして威嚇し、牙をむく場合もあるので注意する必要があります。

軽度の場合では自己卑下行動として表現し、玄関の呼び鈴で慌てて玄関に行ったところ、主人であったりすると、このような動作をします。

PART 2

犬のしつけと訓練

トレーニングを始める前に

わたしたちが犬を飼う場合、
何よりも大切なことは、しつけです。
子犬を家族のメンバーとして迎えたら、
さっそくしつけを始めましょう。
犬にとってのしつけとは何か、また、
どのような意味があるのか、
どうしたら効果的なしつけができるのか、
これまでみてきた犬の本能・習性、感情や欲求などを
参考にしながら考えていきましょう。

1 犬をしつける目的

犬を飼うということは、犬を私たち人間社会の一員として迎えることになるわけですから、当然、それに応じたマナーも要求されることになります。

歴史と伝統のある欧米では、レストランやホテルにも、犬が飼い主のお供をして入れますし、公共運輸機関に

よくしつけられた犬は、人間との生活を楽しみ、ストレスのない幸せな一生を送ることができる

乗ることもかなり自由に行えるようです。

日本では残念ながら、レストランやホテルはもちろん、さまざまなお店をはじめ公共の場所や乗物のほとんどが、犬の立ち入りを禁止、あるいは制限しています。公園さえ、「犬の散歩お断り」の看板が立てられていることがめずらしくありません。

こうしたわが国の現状は、本当に悲しいことですが、実は犬の飼い主の側に大きな責任があるといわざるをえません。行儀が悪いのは犬だけの問題ではないのです。犬も家族の一員であるからには、また、わたしたちの社会で一緒に暮らしていくからには、きちんとしたしつけがなされることが、何よりも大切なことなのです

ヨーロッパやアメリカでは、犬を伴って公園やホテル、レストランに自由に入れるケースが多い。欧米人が伝統的に動物好きであることのほかに、人に迷惑をかけないしつけをきちんとして飼うのが当然というポリシーを持っているからだ。
反面、日本では公共の場所への犬の連れこみを禁止しているところがほとんどのように、まだまだ動物を飼う意識が低いといわざるをえない

2

しつけの考え方

権勢症候群の犬にしない

愛犬家のなかには犬との関係を深い愛情関係を保つなかで飼いたいと願うあまり、同等の位置関係、つまり友達や兄弟姉妹のような関係を維持しようとする人が多く見られます。なかには、犬をだんな様扱いしたり、犬に甘えて生活を楽しんでいるとしか思えないような飼い主もいます。しかしここに、そもそものまちがいがあるのです。

人間には理性があり、社会生活において相手が経済的に貧富の差があろうと、社会的な上下関係があろうと、失礼のないように気配りをして交際しています。しかし、こうした人間社会のルールやマナーは、犬社会には通用しません。

愛情深く接することと、甘やかしていることの違いを知ろう

犬をだんな様扱いするように甘やかしていると、手がつけられないわがままな犬になる

いつも犬のいいなりになっていると、飼い主よりも自分が上位にあると錯覚するようになり、飼い主をも威嚇して攻撃するようになりかねない

すでに「犬の本能」のところで述べたように、犬は群れて生活する本能を引きついだ動物です。犬社会には順位制という制度があり、強いものに従って対応し、行動しているのです。

群れで生活する動物は、常に群れの一員としての行動をとり、群れのリーダーには絶対服従します。群れのリーダーにはいちばん強いものが君臨し、リーダーを頂点として強いものの順の順位制ができますが、飼い主をも群れのメンバーと当然に考えています。

したがって、飼い主が犬の意思を尊重して、いつも犬のいいなりにやりたいことを許していると、犬は自分のほうが飼い主より上位にあると考えるようになります。そしてこの思い違いをした犬は、弱い飼い主を下位のものとして従わせようとします。

犬は成長が早く、早ければ10週目ほどでこうした支配欲を発揮するようになる犬もいます。わがままな犬の誕生です。統制をとろうとして服従しない飼い主を威嚇し、従わなければ攻撃することもあります。

このようなタイプの犬を権勢症候群の犬といいますが、こうなってしまっては、飼い主にとっても犬にとっても、こんな不幸なことはありません。しつけの考え方を誤って犬を甘やかしてしまい、主従の関係を確立できなかった結果なのです。

かわいい子犬だが、犬の成長は早い。わがままな犬にならないように、早めのしつけが必要となる

人間と犬との主従関係をはっきり認識させる

どんな名犬でも、昼夜の別なくほえ、飼い主の命令を無視してほえかかったりとびついたりするようでは、きらわれものになってしまいます。せっかく愛犬と楽しい生活をと願って飼うことにしたのに、これでは逆に犬を飼うことが苦痛になりかねません。

そこで、いろいろなしつけが必要となるわけですが、いちばん大切なのは、犬に主従関係をはっきり認識させることです。犬にしつけをするということは、いいかえれば「人間に従順に従うことを身につけさせる」ということにほかなりません。つまり、飼い主と犬との間に、しっかりした主従関係をつくるということです。

このように書くと、犬があわれだ、かわいそうだと感じる人もいることでしょう。しかし、そう考えること自体が誤りなのです。飼い主がリーダーシップをとって犬に君臨することは、犬を幸福にすることにもつながるのです。

たとえトップであっても犬だけでは何もできない

飼い主の家族は犬にとって一つの群れであり、犬のいいなりになっていると、やがて犬は自分がボスと思いこみ、リーダーシップを発揮して家族を取り仕切るようになってきます。

来客があればまっ先に飛び出し、やたらにほえたり、威嚇や攻撃をしかけたりします。こうした行動は、ボスとして縄張りを防衛しようとする義務感が発露されたものです。

散歩に連れ出せば群れのリーダーとして先頭を歩き、自分の行きたいほうへ飼い主を引っ張りまわし、すれ違う犬たちから自分の群れを守ろうとほえ

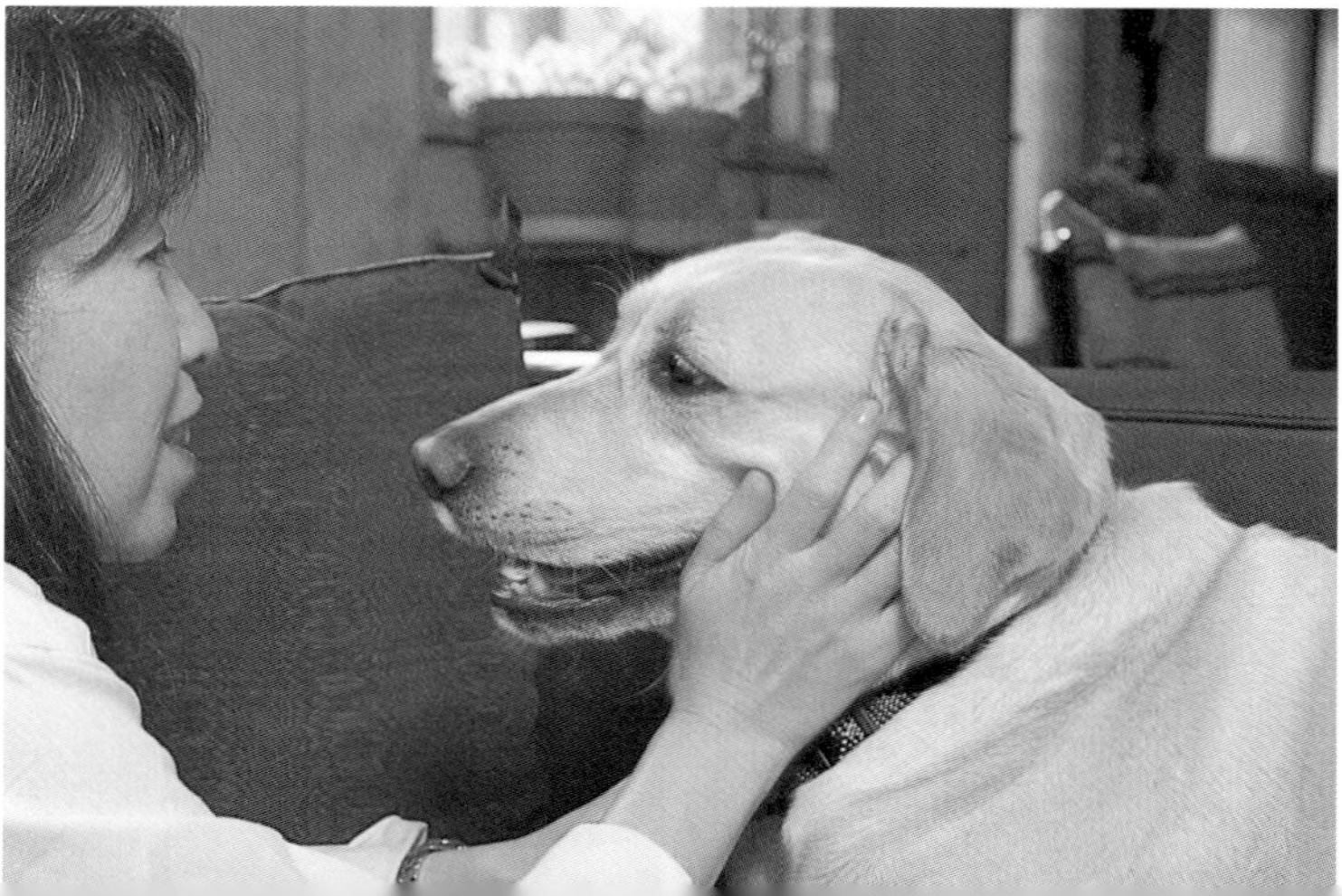

人間に対して服従することによろこびを見いだした犬は、だれからも愛されて幸せに暮らすことができる

従順な犬に育つように、家族のだれもが愛犬を従属者として対応することが大切になる

しつけができていない犬は、散歩のときにすれ違う犬にほえかかったりして、ボス的行動を見せる

たり、攻撃態勢をとるなど、さまざまなボス的行動をとることになります。

しかし、自分がリーダーと思い違いをした犬であっても、人間に依存した生活をせざるをえません。食事も自分の手で得ることはできず、勝手にドアを開けて外へ出ることもできません。

これらのことは、犬にとってすべてストレスとなり、欲求不満を引き起こします。そして、それは問題行動となって現れ、飼い主や近所を困らせることになるのです。またこのようなストレスは、犬の寿命を縮めることにもなります。

ここで、もう一度、犬の本能について述べてみましょう。犬は群れる習性から「トップの座をねらう本能」とともに「服従する本能」を持っています。

家族のみんなが愛犬を服従者として対応すること。そして、愛犬を従属者としてしつけ、誠実にかわいがってやること。そうすることによって、愛犬はその本能から従属的な行動を身につけ、従順な対応をするようになっていきます。それは、人間社会に順応し、何のストレスも感じない素直な犬を育てることにもつながります。

人間に対して服従することによろこびを見いだした犬は、情操が豊かになり、周囲の人たちから愛され、生涯を幸せに暮らすことができるのです。

飼い主は、このような犬の特性をよく理解したうえで、しつけをすることの大切さを考えてみてください。

よくしつけられた犬は、ストレスをかかえない。だから長寿となる可能性が高い

3 しつけは早い時期から行うのが効果的

昔から「三つ児の魂百までも」といわれるように、犬のしつけも子犬のうちから行うことが理想的です。しつけは成犬になってからでも可能ですが、すでに性格や行動様式が形成されている成犬の場合、子犬のしつけよりずっと時間と根気がいることを覚悟しなければなりません。

生まれてきた子犬は2週間もすると目が開き、耳も聞こえるようになります。生後3週目には乳歯も出はじめ、動きも活発になってきます。この時期を感受期といいますが、それから3か月ぐらいの間は社会化期と呼ばれ、犬が最も環境に興味を示し、社会環境にも順応性が高い時期です。

社会化期に経験したことは、犬の将来に大きな影響を及ぼします。人とのきずなを築き、よい性格をつくる大切な時期であることをしっかり認識しておきましょう。

「まだ子犬だからしつけや訓練をするのはかわいそう」などと考えてはいけない。成犬になってからだと、ずっと時間や根気がかかるからだ

子犬のしつけは生後1～3か月から始める。この時期に学習したことは、生涯を通じて忘れないといわれる

4 しつけは家族全員で行う

愛犬のトレーニングについては、家族のみんなが参加するようにしましょう。

お父さんのいうことはきくけれど、お母さんや子どものいうことはまったくきかない……というのでは、何にもなりません。ただし、トレーニングで大切なことは、飼い主が犬に対して強いリーダーシップをとることです。たとえ子どもであっても、犬に負けないよう、強い態度で臨むよう心がけてください。

犬は下位のものの命令には絶対従わない

犬にしつけを始めるにあたって、一番重要なことは、飼い主と犬との関係についてです。いままで述べてきたように、犬は下位、もしくは同等のものの命令には従いません。ですから、飼い主が犬にとって、頼もしく強いリーダーでなければ、しつけを成功させることはできないでしょう。

それでは、飼い主が犬にとって強いリーダーになるためには、どうしたらよいのでしょうか。毎日の生活の中での犬との接し方を、具体的に見ていきましょう。

しつけや訓練は家族全員で行うのが原則。お父さんのいうことはきくが、子どものいうことはきかないといったことが起こらないようにしよう

トレーニングをするときは、強いリーダーシップを発揮することが大切

5 飼い主がリーダーシップをとるポイント

POINT 1 犬とじゃれたり、ふざけて遊ぶことはやめる

これは犬にとって、同等か下位のものとの行動を意味します。犬はこのような遊びのなかで、相手の強弱を知り、相手が弱いと感じれば相手を支配しようとする本能が目ざめてくるのです。

じゃれながら人の手をだんだん強くかむ、衣服をくわえて引っ張る、マウント（人の足やからだをはさみこんで、交尾をするような行動をする）する、などがその表れです。

このような行動が現れたときは、犬をひっくり返し、下アゴを押さえこむことを、無言で行います。これは、親犬が子犬をしつけるときの動作です。決して声は出さないこと。大きな高い声は、負け犬の悲鳴ととられてしまうからです。

●じゃれたり、ふざけ合って遊ばない
犬をよろこばすつもりでふざけ合って遊んでいると、犬は相手の強弱を知り、弱い相手には支配欲を高めていく

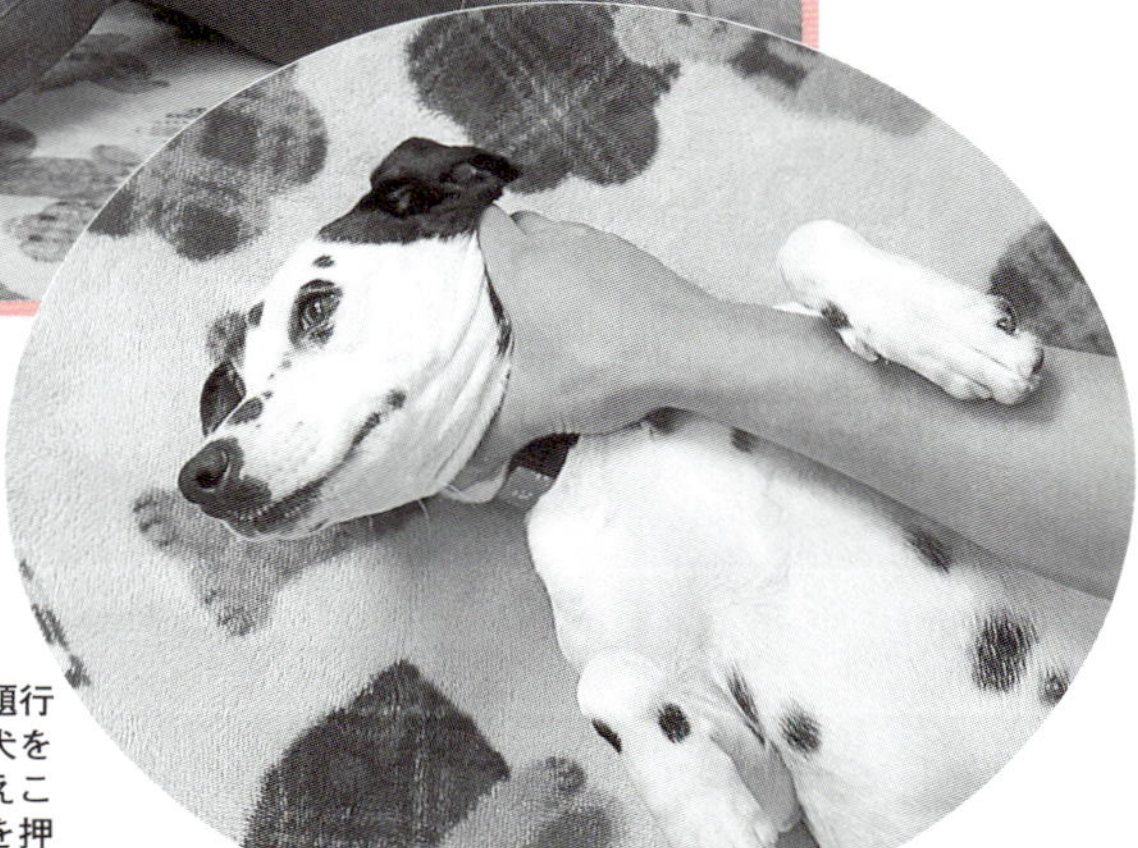

かんだり、引っ張るなどの問題行動を見せたら、無言のうちに犬をひっくり返し、下アゴを押さえこむ。ただし写真のようにのどを押さえるのは避ける

●**食事の場面を見せる**
犬の食事は人間が終わってから与え、服従性を養う

POINT 2 室内飼育の場合、家族の食事の場面を犬に見せること

このときは犬の存在を完全に無視し、犬には何も食べさせません。犬社会では、下位のものはボス犬が食べ終わってから初めて食事をすることができます。したがって、犬に家族の食事の場面を見せることは、犬の服従性を育てるのに役立ちます。

家族の食事に参加させることはしない

●**犬にリードさせない**
ドアから出るときなどには、必ず犬を待たせて人間が先に出る。犬にリードさせてはいけない

POINT 3 家から外に出る、ドアから出るときなど、犬に先導的な行動をとらせない

犬は内側で待たせ、人が出てからも、「ヨシ」といわれるまでは出ないようにする。もし出てしまったら、必ず中に押し戻す。人（リーダー）が先、犬は後、の鉄則を習慣づけることが大切です。

POINT 4
人の座るソファーや座ぶとん、ベッドには、犬を絶対に上げない

犬社会では、ボス犬は一番居心地のよい場所を占領しているもの。犬との主従関係がきちんと確立されていない犬がそのような場所を占領するようになれば、ボス意識が頭をもたげてくることになります。

POINT 5
やたら犬をなでたり、声をかけたり、犬とベタベタと過ごすのはやめる

これらの行動は、下位の犬が上位の犬に対して行うベロベロなめ行動（ごきげんとり）と同じです。犬との主従関係が確立されていない飼い主は、犬を生意気にさせてしまうだけでなく、お互い犬離れや人離れできない状況を作り出してしまう危険性があります。

このような状況は犬の問題行動の原因となることが多く、注意したいものです。

●人の座るソファーには上げない
犬の好きほうだいにしているとボス意識が強まり、ソファーや座ぶとんからおろそうとすると、うなったり、かみついたりするようになる

●犬のごきげんとりをしない
必要以上になでたり、ベタベタして接していると、主従関係が育たず、自立心のない犬になる

POINT 6 歩くのにじゃまになっている犬は、どかせてから通る

廊下や道路などで犬が寝そべっていて、人がそこを通らなければならないとき、犬をどかせてから通ります。犬を気づかって、人がまわり道をするような行動は、犬にボス意識を持たせてしまうからです。

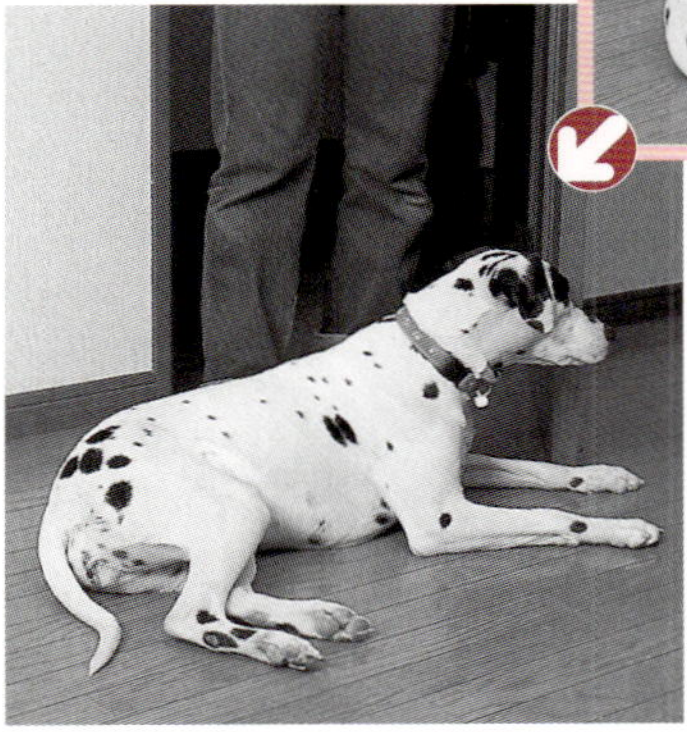

●じゃまになっている犬はどかす
通り道でじゃまになっている犬は足先でどかす。犬に遠慮してよけて通っていると、ボス意識を持たせてしまう

●散歩は犬のリードにまかせない
犬に引っ張られて散歩していると、自分がリーダーだと思い違いをさせることになる

POINT 7 散歩のときは犬のリードに従ってはいけない

犬の行きたい方向に、飼い主が後からついて歩くことは絶対やめなければいけません。犬の社会では群れのボスが先頭を歩くものだからです。あくまでも人間がリーダーだということを認識させるためにも、犬が人間に寄り添って歩くようにすることが大切です。

■

以上、7つのポイントをあげてみました。すべてにいえることは、決して犬のペースに人間が合わせていくのではないということです。飼い主、つまり人間がどのようなときにも主導権をとることが肝心です。「ダメなことは絶対にダメ」ということを、犬にしっかりと教えこまなければなりません。

そうすることによって、飼い主はリーダーとしての威厳を保つことができ、また、犬の服従本能を強化することができるのです。

6 しつけのコツはほめる、無視する

【ほめる】

しつけや訓練をするにあたって、犬をほめることは重要です。犬にとって、飼い主にほめられることは、人が想像する以上にうれしいことなのです。特になでてほめられることに、大きなよろこびを感じる動物はほかにいないといってよいくらいです。

トレーニングがうまくいったときには、必ず「ヨシヨシ」「ヨーシ」などの言葉をかけながら、犬をなでてやりましょう。

なでる場所は、後頭部から背中にかけて、または首から胸にかけてが効果的です。そうすることによって、「ヨシヨシ」の言葉を聞くだけで、犬はなでてもらっているときと同じような快感を感じるようになるのです。

犬はなでられてほめられることが大好き。しつけや訓練の際にもほめることが不可欠だ

ほめることは、トレーニングがきちんとできたそのつど行います。犬は何をすればほめられるかを学習し、次回も同じことができるようになるでしょう。

逆に、いつも手もとにおいて愛撫することはマイナスです。いうことをきいたときだけ、ほめて、なでてやることを忘れないでください。

また、過度にほめることを控えましょう。あまりほめられると、犬が有頂天になってしまい、いま覚えたことを忘れることになりかねません。訓練は冷静に行うことが大切です。

ほめるときの注意

ほめられるのをいやがる犬は、首輪を引いて訓練者に向かせる

ほめすぎるのは、犬を有頂天にさせて逆効果

訓練がうまくできたときは、そのつど声をかけてほめてやる

ほめるときになでる部位

後頭部から背中にかけて

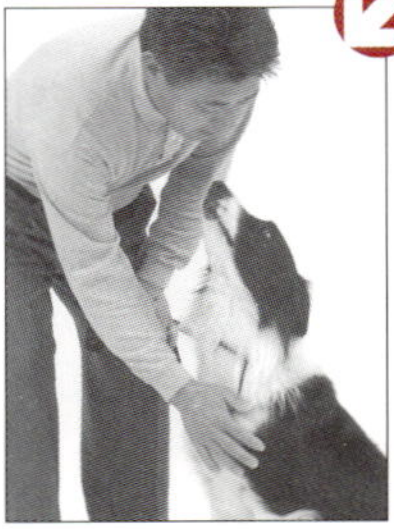

首から胸にかけて

【無視する】

無視するとは、飼い主の家庭において犬がボス（リーダー）ではないことを意識させる行為です。犬社会でも上位の犬は下位の犬の欲求動作を無視し、こびを売ることはありません。犬が何かうるさく要求するようなとき、いちいちいうことを聞いていると、犬の支配欲が高まり、主従関係が逆転します。

こんなときは犬を無視して、やたらと声をかけたり、なでたり、見つめたりすることを避けます。愛情遮断をするわけですが、こうすることでリーダーの存在を認識し、飼い主から認められたいと願って従属的な行動をとるようになります。

具体的には次のような方法で行います。たとえば、ある部屋から違う部屋に移る際に、犬が先に立って行こうとしたら、飼い主はその部屋に行かないで、他の部屋に行くようにします。絶対に犬に追随しないことをわからせるためですが、このとき、犬を見ないこと、言葉をかけないことが肝心で、まったく犬の存在を意識しない振る舞いをすることです。

また、食事時やテレビを見ているとき、読書をしているときに、犬がそばに寄ってくることがあります。こうした場合も、犬に触れたりせず、犬の存在を無視します。犬は愛情を求めてなでてもらおうとするでしょうが、その誘惑に負けてはいけません。

犬は人の気を引こうとしたり、何かを要求しようとしてさまざまな行動をしますが、飼い主は反応しないことです。座ぶとんに上がろうとしたら、犬を見ないで無言のうちにすばやく取り去る、ソファーに上がろうとしても同様にして上がらせない、などです。

このように無視することで犬の服従性は高まり、やがてそばにきても静か

読書をしているときなどに、犬が近寄ってくることがあるが、いつも相手にするようなことはせず、無視することが必要

に座ったり、ふせているようになります。そのときは、従属的な心理状態にあるので、わずかになでてやるのはよいでしょうが、調子づかせないように無視することは続けます。

無視のポーズ

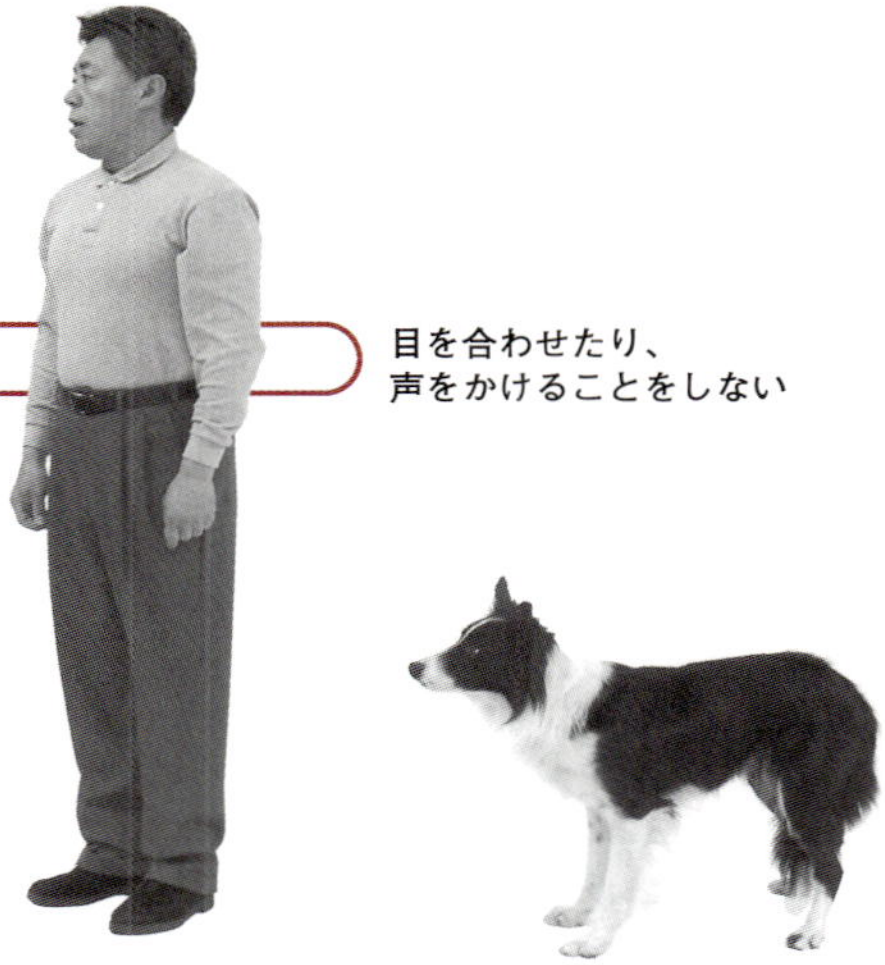

目を合わせたり、
声をかけることをしない

無視する方法

部屋を移るようなときに❶
犬が先に立って先導しようとしたら❷
訓練者は方向を変えて
他の部屋に行くようにする❸

しつけや訓練に必要な道具

しつけや訓練をするときには、目的に応じたグッズが必要です。特に首輪とリード(引き綱)は不可欠です。また、ボールやダンベルなどの遊ぶ道具、生活をしつけるためのケージやトイレなどを用いますが、いずれも犬を飼うにあたって備えておきたい必需品です。

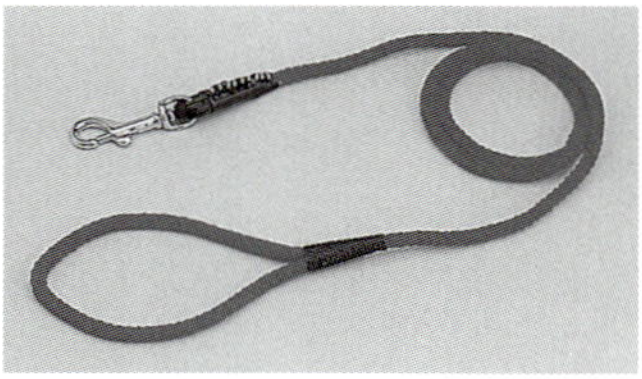

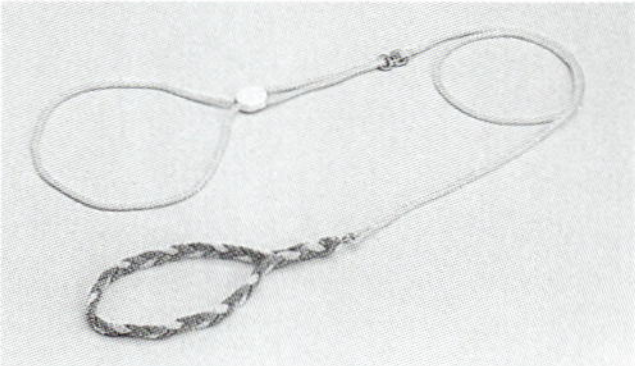

●リード
長すぎたり短すぎたりしない、コントロールしやすいものを選ぶ。下は首輪との一体型

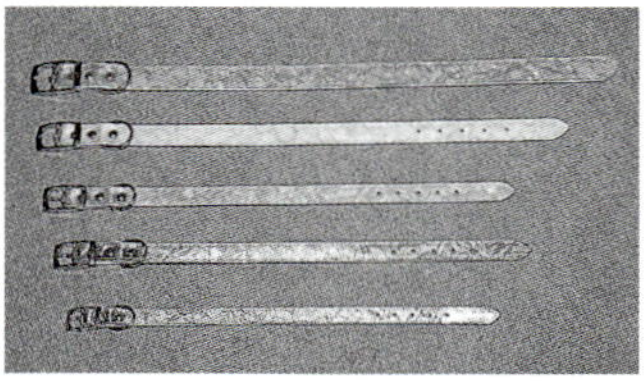

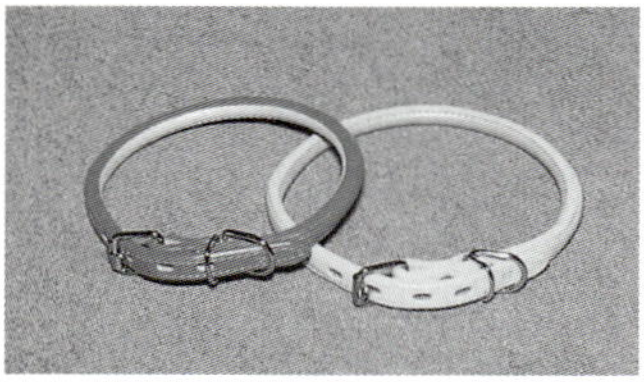

●首輪
サイズ、素材は犬のタイプ(大型犬・小型犬、毛質の違い)によって選ぶ

●しつけの道具
ハウスやトイレのしつけに用いる。ケージ(上)、トイレ(下)

●遊具
ダンベル(木製・上)やボール(下)は、遊びながら犬の特性本能を高める訓練に効果的

基本のしつけと訓練

犬を飼うにあたって、いかにしつけと訓練が必要かは、すでに詳しく述べてきました。人間と犬がお互いに幸せな生活を送るためには、犬に「自分の飼い主はたのもしく、信頼のおけるリーダー」だと認識させ、安心して人に従えるようにすることが何よりも大切です。それでは、犬がよろこんで、最も効果的に行えるしつけと訓練法にはどんなものがあるでしょうか。

まず社会化環境馴致《じゅんち》によって、子犬のうちから環境に慣らし、神経質な性格の犬にならないようにしておくことが非常に大切です。子犬のときに形成された性格は、成長した犬に引きつがれ、矯正することはなかなか大変だからです。

次に紹介する「リーダーウォーク」「ホールドスチール」「タッチング」の各しつけの基本となるものでは、人間への信頼感を養い、従順な犬に育てるためにたいへん効果があります。

また、犬がよろこんでトレーニングに応じるように、ごほうびのエサを利用する「オペラント技法」は、「スワレ」「マテ」「フセ」「コイ」「アトヘ」など、飼い主の命令に従わせることによって、服従本能を発達させる効果的な訓練です。

Lesson 1

神経質な犬にしないために

社会化環境馴致

ねらい　環境に慣れさせることで、おびえたり、攻撃的な性格をなくし、友好的な犬に育てる。

馴致時期　生後1か月から4か月目ぐらいまでの間で。

幼犬のうちに社会化馴致を十分行っておけば、来客などがあっても神経質にほえたりすることがなくなる

生後1～3か月ぐらいの間を犬の社会化期といいます。犬が最も環境に興味を持ち、社会環境にも順応性が高い時期です。

この期間に経験したことは強く印象に残り、犬の性格形成に大きく影響することになります。人とのきずなを築き、よい性格をつくる大切な時期ですから、いろいろな体験をさせておくのがよいでしょう。馴致《じゅんち》とは「慣れさせる」ことです。

来客や配達人、他の犬、自転車、バイク、車などに対して、神経質な反応をする犬にしないことがトレーニングの目的です。来客や配達人に、ほえたりかみついたりさせないためにも、ぜひ行ってください。

また、こうした行動が現れてしまってからでは、矯正に大変な手間と時間がかかります。できるだけ早い時期から始めることが大切です。

社会化環境馴致

生後1～3か月の社会化期に経験したことは、犬の性格形成に強く影響する。子犬のうちはだっこして外に出て、車や騒音などに慣れさせておくのがよい。飼い主は、子犬に不安感を与えないようにリラックスしていることが大切だ

屋外の環境に慣らす訓練

生後8～9週になったら自転車、バイク、車の騒音に慣らすため、屋外に連れ出します。犬がまだ小さいうちは、だっこをして外に出ましょう。

このトレーニングでは、外へ出ることは楽しいということを、犬に印象づけることがポイントです。ですから、まず飼い主がリラックスした雰囲気でいること。周囲の騒音などに対して無関心を装うことが大切です。飼い主の不安感は、犬にも伝わってしまうことを知っておきましょう。

いつまでもじゃれ合って遊ばせていると闘争本能が芽生える恐れもあるので注意しよう

よその家の人や子どもにも親しませ、抱いたり触れたりしてもらう

他人、他犬に対する馴致

子犬のときから、よその人や犬と遊ばせることも、大切なトレーニングです。屋外でも、家の中でも、できればお客様を招いて楽しく遊ばせる経験をさせておきましょう。

ただし、節度がなく犬同士をじゃれ合って遊ばせるのは考えものです。お互いの順位を競う闘争本能を芽生えさせてしまう恐れがあるからです。

また、人と遊ぶときにも、お互いがじゃれ合う遊びはさけます。相手が弱いと知るや支配欲を高めるからです。スキンシップを中心にしたかわいがり方が理想です。

よその家の犬と遊ばせるのは社交性を育てるためにも必要

社会化環境馴致

散歩はよその犬と出会うよいチャンス。子犬のうちから積極的に外に連れ出してやろう

しつけのポイント

これらのトレーニングは、もちろん1回で終わりにするのではなく、生後6か月頃になるまではずっと続けて行ってください。

ふつう犬を飼い始める時期は生後7～8週が多いのですが、犬の社会化期（生後4～12週）はすでに始まっています。この時期の環境が、犬に与える影響は非常に大きいということを、心得ておいてください。

また、この時期に猫と接触させることができれば、将来、猫に対して友好的な犬に育てることができます。

子犬の時期に猫や他の動物と接触させておく

Lesson 2

服従性の強い犬にするために

リーダーウォーク

ねらい	犬が飼い主に逆らったり、引っ張って歩くことは不可能なのだということを知り、飼い主に従って歩くことを覚えさせる。
開始時期	なるべく早く（犬がきたその日から）。

散歩のとき、犬が先頭に立って歩いているのは、飼い主がリーダーシップをとっていない証拠です。犬が殿様、飼い主は家来、という光景です。こういった犬は、飼い主のいうことはききません。

気の強い犬であれば、他の犬にケンカをしかけたり、人をかんだりもします。日本でこのような散歩のマナーの悪い犬を多く見かけるのは、本当に残念なことです。

飼い主はしっかりと犬をリードし、常に自分の横につけて歩かせるようにしつけましょう。犬に引っ張られて、引きずられて歩くのは、飼い主として非常に恥ずかしいことだと認識してください。

リーダーウォーク しつけの手順

1 まず、リードはたるませて持ち、犬を左側につける。そして、常にその状態を保つようにする。
（写真1～2）

2 犬が飼い主より前へ出ようとしたら、すぐに無言で、Uターンする。犬が出たらこれを何回でも繰り返す。
（写真3～4）

3 犬が右へ曲がろうとしたら、飼い主はすぐに左へ無言で歩く。つまり、必ず犬の意志に逆らって歩くようにする。
（写真5～6）

リーダーウォーク

犬が人に寄り添って歩くということが当たり前になるように、リーダーウォークでしっかりしつけよう

正しいリードの持ち方

束縛感を与えないように、リードはたるませて持つ

悪いリードの持ち方

リードは絶対に引っ張らないように保持する。引っ張られると、犬はよけいに引こうとする

リーダーウォーク しつけのすすめ方

1

リードをたるませて持ち、犬を左側につける

2

前方に歩き出す。以下、飼い主は犬に話しかけたり、犬を見たりしないで行う

3

犬が前に出ようとしたら

リーダーウォーク

4 クルリと向きを変えて、違う方向へ歩く。犬が前に出るたびに方向を変えて歩くことを繰り返す

5 犬が右へ曲がろうとしたら

6 飼い主は左側へ方向転換して歩く。以上の歩き方を繰り返し行い、犬が自分からついてくるようになったら、よくほめてやる

リーダーウォーク
応用❶
左折の方法

リーダーウォークをしているとき、やたらと前に出ようとする犬には、じゃまをするように左折、または左回転を行います。

1

飼い主のひざの位置に犬の頭がくるのが理想

2

左折するときは、犬の進行方向をさえぎるように足を出す

3

そのまま回りこむように左折すると、犬が飼い主の動きを注意するようになるため、前に出なくなる

リーダーウォーク

リーダーウォーク
応用❷
遅れる犬への対処法

散歩のとき犬が前に出て引っ張ろうとするのが一般的ですが、なかにはついてくるのが遅い犬もいます。右回転する方法で歩きます。

1

犬が遅れてきたら、飼い主は右方向へ曲がる

2

Uターンしながら、リードを軽く引いて、さっさと歩く

無言のうちに右折し、体の左側につけさせる

リーダーウォーク
注意ポイント
リードの扱い方

リードを引いて犬をコントロールするときは、強引に引きつけるのではなく、しゃくるように引くのがポイントです。

1 リードを持った手を前に出す

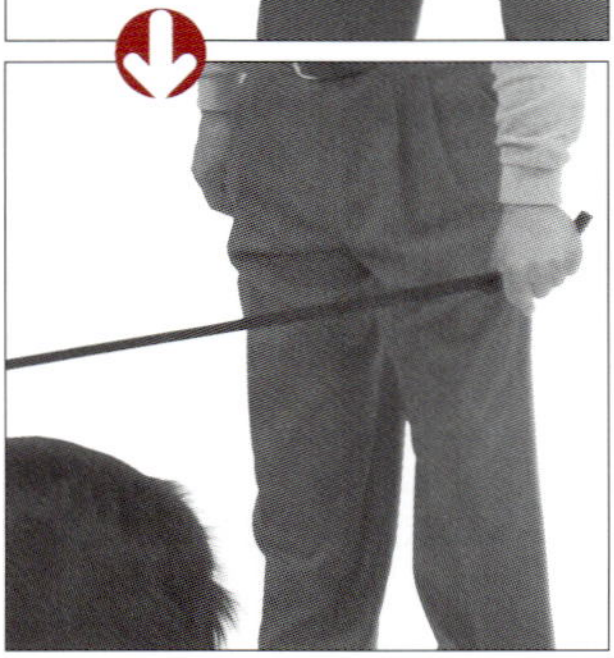

2 しゃくる感じで手前に引く

リーダーウォーク

リードが張られていると、犬はよけいに引っ張ろうとする

強引に引き戻そうとしてはいけない

しつけのポイント

たとえ往来で1～2mのところを行ったり来たりして、他の通行人にけげんに思われることがあっても、途中でトレーニングをやめてはいけません。決して犬に根負けしないことが大切です。

また、犬がけげんに思って、飼い主の顔を見上げるようなこともありますが、このようなときは無視してください。そして無言で行うことが重要です。これは犬に意地悪をしていると感じさせないためです。

リードをたるませておくのは、犬に「引き戻されまい」とする心理を起こさせないためです。リードが張られた状態にしておくと、犬はどんどん強く引っ張るようになってしまいます。

散歩の途中で他の犬に出会った場合、飼い主は本能的にリードを引き寄せて引っ張ってしまう傾向がありますが、これは絶対にやめましょう。犬は「飼い主がけしかけている」と受けとめてしまいます。犬がグイグイと引っ張ったときには、犬がびっくり返るほどリードを引くのではなく、しゃくるのがポイントです。

Lesson 3

信頼関係を深めるために

ホールドスチール（拘束静止法）

ねらい	リーダーである人間に、犬が安心して体をまかせられるようにして服従本能を高める。
開始時期	なるべく早く(犬がきたその日から)。

ホールドスチール しつけの手順

1 まず、飼い主は片ひざを立てて座り、股の間に犬を背中側から入れて座らせる。（写真1～2）

2 左手で犬の前胸を、右手で犬の口吻部を持って静止させ、そのまま上下左右に動かしていく。（写真3～8）

3 もし、犬が抵抗して暴れたら、無言で抱きしめる。犬が静止したら、ゆっくり手をゆるめて「ヨシヨシ」とほめてなでてやる。（応用❶）

4 以上を繰り返して行い、犬が従順に飼い主のいいなりになったら徐々にやめるようにする。（写真10～11）

犬が本来持っている服従本能を育て、従属的な性格を形成するのに、最も効果的な方法の一つです。

生後5か月頃までに行えば、犬の抵抗も少なく、容易に教えられます。成犬になってしまってからでは、犬の抵抗もかなり強いので注意が必要です。

また、このレッスンの間に、人の手をじゃれてかむクセも直しておきましょう。子犬がじゃれながら人の手をかむ行為は、いかにも甘えているかに見えますが、これはかむことで相手の強弱をはかり、支配性を持とうとする本能の表れです。早い時期にこのような傾向は矯正しておくことが大切です。

ホールドスチール

しつけは、人と犬のあるべき関係として常に飼い主がリーダーとなり、犬が人に従順に従うことを身につけさせることが大切

準備

シートやマットを用意すると、犬は条件反射的に学習の意味を理解するようになる

飼い主は敷物の上に、犬とともに立つ

犬を座らせ、ここからホールドスチールのしつけに入る

ホールドスチール しつけのすすめ方

1

飼い主は犬の後ろに片ひざをついて座る

2

股の間に背中側から抱くように入れる

3

右手で犬の前胸を押さえ、左手でマズル（口吻＝鼻口部）を持ち、しっかり抱きよせる

ホールドスチール

4

そのままの姿勢で、マズルを上へ向かせる

5

下に向かせる

ホールドスチール 応用❶ 抵抗する犬の対処法

暴れたら、手に力を入れて、無言で抱きしめる

静かになったら、ほめてなでてやる

6

今度はマズルを
右へ向け

7

左に向ける

8

最後に回転させる

ホールドスチール

9

いやがるそぶりを見せたら、手に力を入れて、胸もとに抱きしめる

10

動かなくなり、自然に飼い主に体を預けるようになったら「ヨシヨシ」とほめ、なでてやる

11

飼い主が自由にコントロールできるようになったら徐々にやめて、もとのかたちに戻る

ホールドスチール
応用❷ じゃれてかむクセを直す

1

犬の鼻先や口のまわりをやさしく、徐々にさわっていく

2

犬が抵抗したり、じゃれて歯を当てようとしたら、飼い主は即座に犬の下アゴを胸もとに押しつける。声を出さず、無言で行うこと

ホールドスチール

応用❷のような強い対応ができない場合には、犬の後足の裏（パット）をかなり強くつねり、犬の気をそらして、飼い主のリーダーとしての威厳を示しておく方法もあります。ただし、犬を扱い慣れている人でないと難しいので注意が必要です。

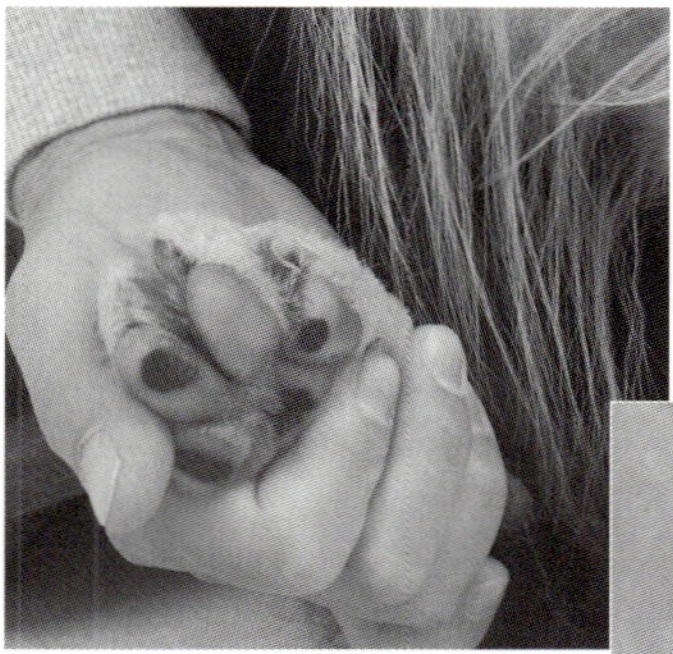

ホールドスチール
注意ポイント
パットをつねる方法

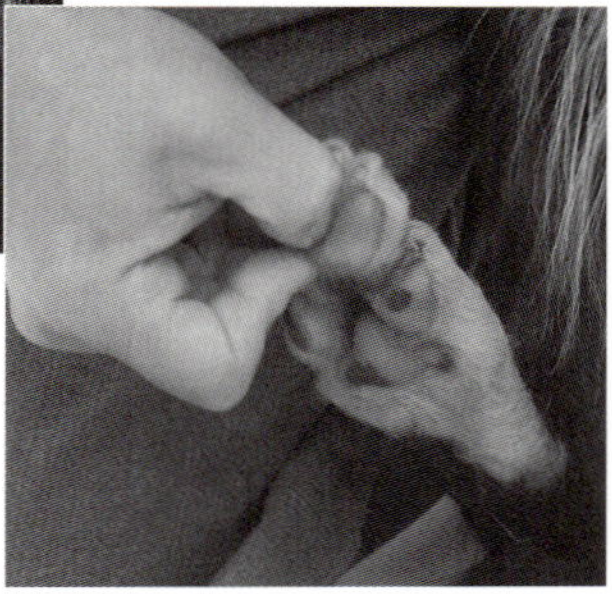

しつけのポイント

どのような場合でも、犬が抵抗しているときに中止することは、絶対にさけてください。犬は「抵抗すれば自由になれる」という学習をしてしまうことになるからです。また、犬の背中を飼い主に向けて静止させるのは、飼い主に対する信頼感を犬に感じさせるためです。

飼い主がさわっているときに、犬が眠ってしまうほどにリラックスできるまで、時間をかけてゆっくり、穏やかにさわることが大切です。

首を押さえると苦しがって、よけいに抵抗しようとするので逆効果

Lesson 4

誰からも愛される犬にするために

タッチング（体端部接触馴致脱感作法）

ねらい	体の先端の敏感な部分をさわられても平気ということを理解させ、人に対して従属的にしていく。
開始時期	ホールドスチールの延長として、なるべく早くから行う。

犬の鼻先、耳、尾先、足先、脇腹などの体端部は非常に神経の敏感なところです。これは、敵から身を守るための自己防衛本能といえるでしょう。ですから、たとえ悪意がなくとも、これらの部位をさわられれば警戒し、威嚇、攻撃に出る犬もあります。

しかし、獣医師の診察を受けるときや爪を切ったりするときなど、これらの部分をさわられても平気にしておくことは大切なことです。

他人にさわられて、いきなりかみついたりすることのないように、ふだんから体端部に接触することに慣れさせておきましょう。スキンシップが行われないと、野性的な性格になります。

タッチング しつけの手順

1

レッスン3の拘束静止が完全にできてから行う。拘束静止の状態から、犬の前足を持ち、前に持ち上げてゆっくりと犬を伏せさせる。さらにそのまま、犬を横向けやあお向けに寝かせる。（写真1～6）

2

犬が抵抗する場合には、無言のまま犬の上に覆いかぶさる。静止したら穏やかにほめ、なでて、寝かしつけるような状態にしていく。（応用❶）

3

犬が落ち着いて自由に身をまかせるようになったら、片側に返して寝かせ、寝かせたままの状態を保つ。（写真7～8）

4

さらに、静かに足や耳、尾などの体端部をなでるように、やさしくタッチングしていき、犬が身をまかせるようになったら解放し、もとの状態へ戻してほめる。（写真9～12）

タッチング

犬がさわられることに慣れてくると、人に対する信頼感を増し、しだいに従順になる

タッチング しつけのすすめ方

1

ホールドスチール（82ページ）の姿勢をとる

2 犬の両前足を持つ

3

持ち上げた前足をゆっくり前方へ倒れるように伸ばしていき、「フセ」の体勢にする

4

フセの体勢から、体を横向きにさせ、鼻先、耳、背中などをゆっくりとやさしくなでる

タッチング

5

次に、体をあお向けに寝かせる

6

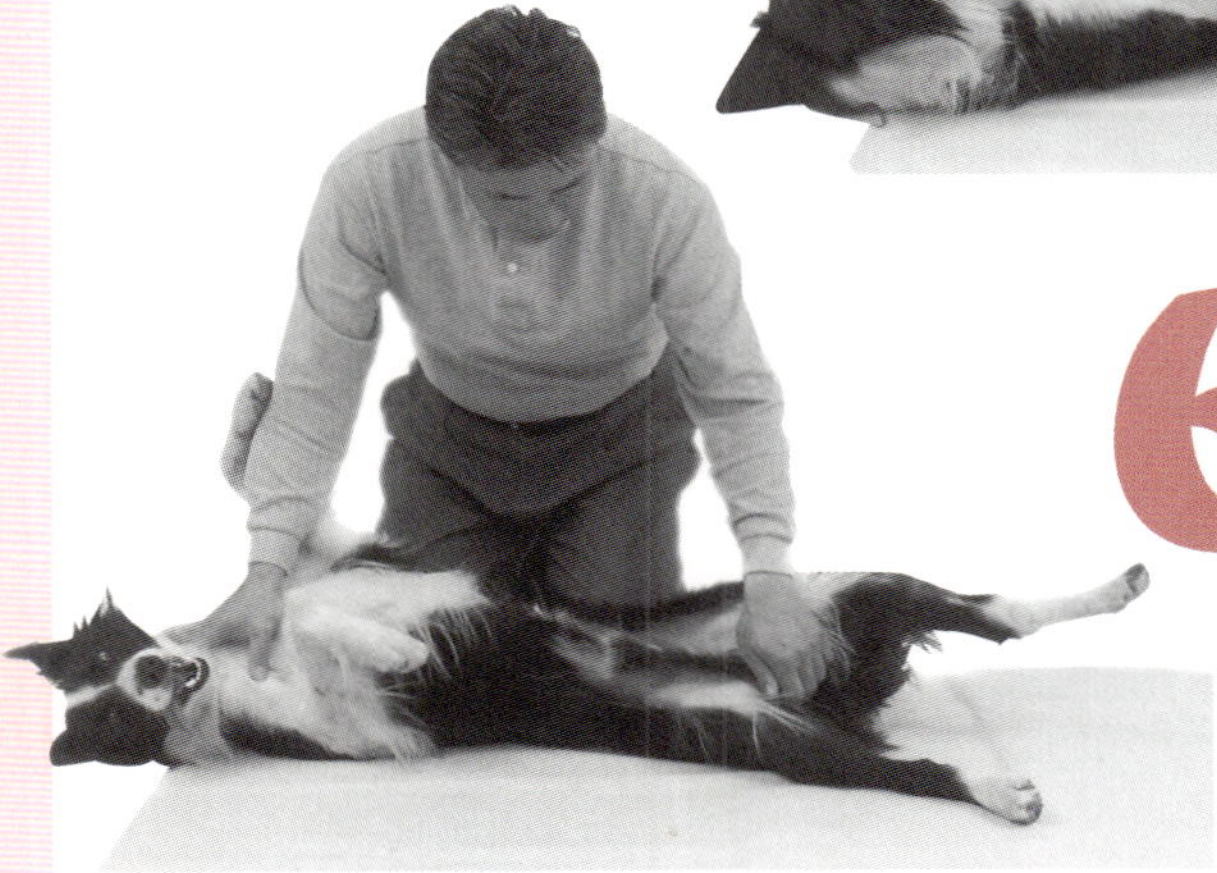

脇腹やそけい部などの敏感な部分をていねいにさわっていく

タッチング 応用❶ 抵抗する犬の対処法A

犬が抵抗する場合は、無言のうちに覆いかぶさる

7

犬が落ち着いて身をまかせるようになったら

8

反対側に返して寝かせる

9

そのままの姿勢で前や後ろ、横に動かしていく

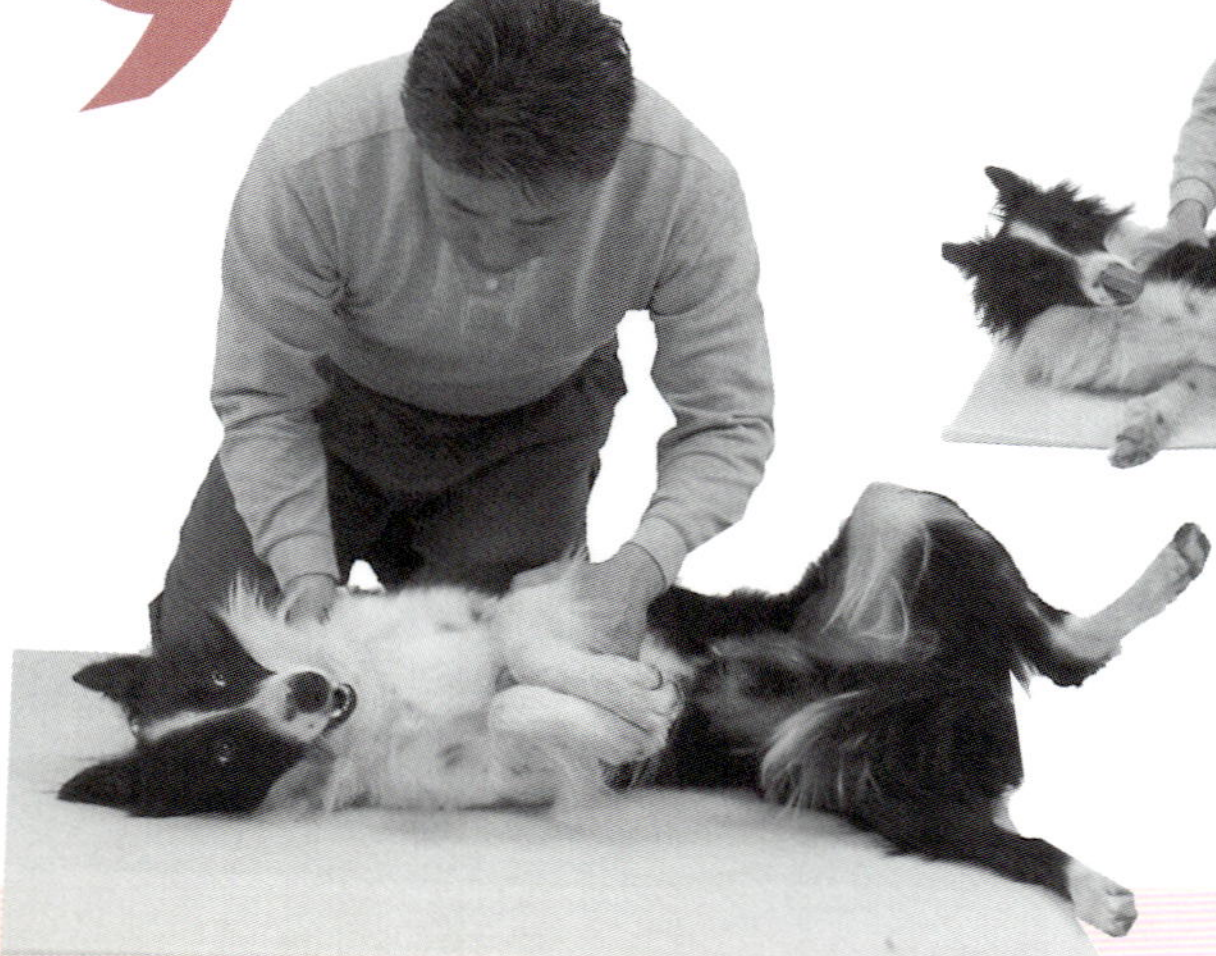

さらに足や耳、尾などの敏感な体端部を静かにやさしく、さわってなでていく

10

タッチング
応用❷
抵抗する犬の対処法B

犬がいやがる場合には、手に握ったエサをなめさせたり、食べさせながら姿勢をとらせることもできます。また、二人一組になって、一人がエサを食べさせ、もう一人がさわる方法もあります。

11

犬が落ち着いて飼い主に
身をまかせるようになっ
たら徐々に解放する

12

終わりは再びフセの姿
勢にして、ゆっくりと
ホールドスチールの体
勢に戻し、ほめる

タッチング

足や耳、しっぽなどの先端の敏感な部分に人間が触れても痛くない、平気ということを理解させておくことが大切

しつけのポイント

常に穏やかな楽しい雰囲気のなかで行ってください。人に体をさわられることは、また自由に身をまかせることは、楽しいことだ、と犬が感じるようになることが大切です。ですから、飼い主は大声を出したり、興奮したり、殺気立つことは絶対に禁物です。

1回のトレーニングは30分ぐらいを目安に行い、徐々にやめます。

犬のしつけや訓練は、犬がよろこんで行うものでなければ効果が期待できない

Lesson 5

オペラント技法による訓練

スワレ・マテ・フセ・コイ・アトヘ

ねらい	犬が何かしてほしければ、命令に服従しなければならないことを習慣化させる。
訓練時期	なるべく早くから（2か月の子犬でも可能）。

オペラント技法とは、犬の一番好きなエサを利用して、犬がその好物を得るためにはどうしたらよいかという、犬の喜求的行動を引き出し、繰り返すことで条件反射を利用する訓練の方法です。

しかって教える訓練は、犬を心理的に萎縮させやすく、積極的な意欲をなくしてしまう危険性があります。犬にとって、訓練は楽しくおもしろいものでなければならないのです。

オペラント技法では、訓練者がエサを持って、それを与えながら行います。そのために、犬は常に訓練者に注意を向けることができ、反応も早く、理解力を高めることができるのです。

次の方法で訓練を始めます。

オペラント技法 訓練の手順

1

まず、訓練者は犬と対面して、手に握ったエサのにおいを犬にかがせる。

2

犬がエサを非常に欲しがった時点で、少し与える。

3

味をしめた犬が、もっとエサを欲しがったところで、犬の注意力を訓練者に集中させる。
以上、ここからが、訓練のスタートです。

オペラント技法

オペラント技法 訓練スタートの前に

1

訓練者は犬と対面して立ち、手に握ったエサのにおいをかがせる

2

犬が非常に欲しがった時点で、少しエサを与える

3

もっとエサを欲しがったところで、訓練者に犬の注意力を集中させる

オペラント技法
使用するエサ

オペラント技法の訓練で使うエサについては、犬の好物であることが条件です。そのエサが好物であればあるほど、訓練の成果は上がります。犬の好物であれば、何を使ってもよいのですが、あまりやわらかくないほうが扱いやすいでしょう。ただし、硬すぎてもいけません。ひと口でペロッと食べられるものが便利です。

●チーズ

●ドライフード

●ドッグビスケット

●ゆでたレバー

犬のしつけや訓練は、犬がよろこんで行うものでなければ効果が期待できない

●クッキー

●ビーフジャーキー

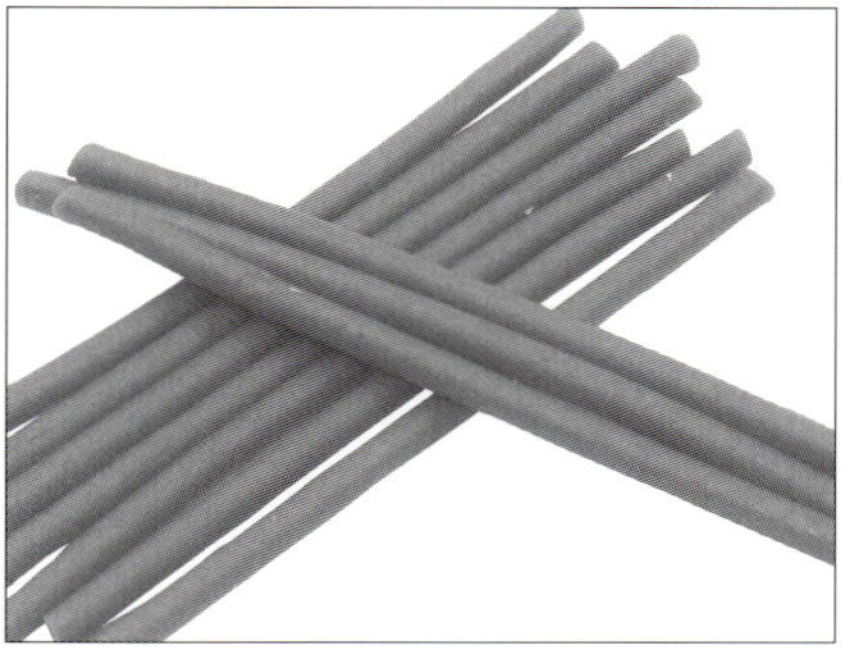

●にぼし

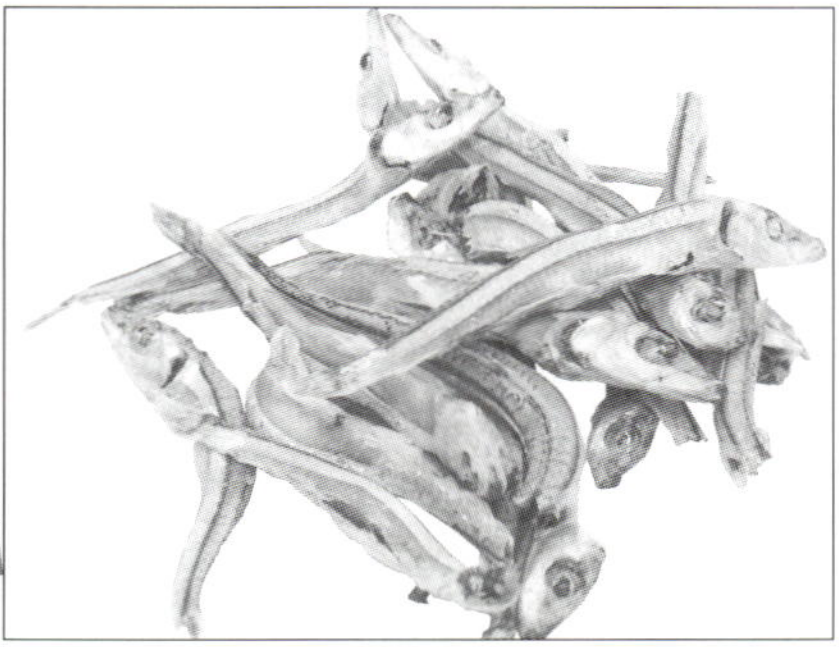

【スワレ】

オペラント技法【スワレ】訓練の手順

すべての基本となる訓練です。次の方法で行ってください。


無言でエサを犬の鼻先に持っていき、自然と犬が座る位置に手を動かす。鼻先から後頭部へ動かすのがコツ。

犬がオスワリをしたら、1～4の動作を2、3回繰り返す。犬は、条件反射的に、座ればエサがもらえるのだと考えるようになる。

（写真1～4）

オペラント技法【スワレ】訓練のすすめ方

1 訓練者は犬と向かい合う

2 無言で犬の鼻先にエサを持っていく

3 ゆっくりと鼻からやや後頭部へ移動させるのがコツ

オペラント技法

2

訓練者は犬が座りかけたら、「スワレ」と命じる（1度だけ）。犬は意味はわからないが、座ればエサがもらえると思って座る。そうしたら、すぐにエサを与える。座らないときは、3の手の動きを見せ、条件反射の強化をする。
※このとき、「スワレ」の声かけを連発してはいけない。犬は混乱し、雑音として聞き流してしまう。（写真5）

3

犬が「スワレ」の命令を覚えたら、エサを与えるタイミングをだんだんと遅らせていく。そして、エサはたまに与える程度にする。ただし、「スワレ」と命じてオスワリをしたときには、すぐにほめてやる。（写真6〜9）

×

エサを握った手の位置が高いと、犬は立ち上がろうとするので注意する

4

座れたら、手の中のエサをすぐ与えてほめる

【スワレ】

5

１～５を何回か繰り返し、できるようになったらよくほめる。座るのに慣れたら、座りかけるときに「スワレ」と声をかけると、エサがなくても座るようになる

6

次に訓練者は１歩下がり、このとき犬がついてこようとしたら

7

訓練者は前に出てエサを差し出す。後ろへ下がるとき、犬がついてこようとするそのつど７～８の過程を繰り返す

オペラント技法

8

これまでの基本動作を条件づけできたら、「スワレ」の声をかぶせる。やがて犬は「スワレ」を覚えるようになるので、すぐに与えていたエサをだんだんと与えるタイミングを遅らせていき、やがてたまにやる程度にする

9

犬がエサを食べているときに、片手で「ヨシヨシ」とほめる

命じて座ったら、瞬時にほめてやることが大切

【マテ】

オペラント技法【マテ】訓練の手順

「スワレ」ができたら、次に、エサをもらえるという期待をさせながら「マテ」を覚えさせます。「マテ」は、犬の服従心を養う大切な訓練です。犬に「座っていれば、必ずエサがもらえる。動いたらもらえない」ということを体験させましょう。

犬がオスワリをしたら、エサを見せておく。5秒ほど間をおいてエサを与え、だんだん時間をのばしていく。　(写真1〜2)

オペラント技法【マテ】訓練のすすめ方

1

訓練者は犬を座らせて向かい合い、エサを見せる

2

きちんとスワレができていたらエサを与える

オペラント技法

2

犬に、待っていればエサをもらえるのだ、という確信をつけたら、訓練者が犬から少し離れては戻る、という動作を繰り返す。待てるようになったら「マテ」の声をかけて覚えさせる。
（写真3～5）

3

犬から離れる距離を、少しずつのばしていく。
（写真6～8）

4

犬がちゃんと待っていたら、エサを与えてから、必ずやさしく穏やかにほめる。（写真9）

3

訓練者は2、3歩下がる

4

犬が座って待っていたら、訓練者は前に出てエサを与える。座っている場所でいいことがあると犬に思わせることがポイント

5

以上の動作を何回か繰り返し、条件づけていく。できるようになったら「マテ」の声をかけて覚えさせる

【マテ】

6 訓練者と犬の距離と時間を長くしていき、待たせる時間をのばしていく

7 マテの体勢ができたらエサを与える

8 以上の動作を何回か繰り返し、長い時間でも待っていられるようにする

オペラント技法

9

うまくできるようになったら、そのつどほめてやる。座って待っていれば必ずエサがもらえ、動いたらもらえないということを犬に体験させることが重要

オペラント技法【フセ】訓練の手順

【フセ】

「伏せる」という状態は、プライドの高い犬や服従性のできていない犬にとっては、なかなか屈辱的なポーズです。したがってこの訓練は、犬によっては、少々てこずることもあります。訓練は、犬に「伏せることはおもしろく楽しいのだ」と感じさせるよう心がけてください。

オペラント技法【フセ】訓練のすすめ方

1 訓練者は犬と向かい合い、犬を座らせる

2 訓練者もしゃがみ、手に握ったエサを犬に見せる

犬を座らせてから、訓練者も犬と対面してしゃがみエサを見せる。（写真1〜2）

オペラント技法

2

エサを握った手を地面につける。犬がエサを食べようと口吻を近づけてきたら、頭部から背を軽く押さえぎみになでて、伏せればエサを食べられるように誘導する。（写真3～5）

3

犬が少しでもフセの状態になりかかったら、指の間から少しずつエサを食べさせる。完全にフセのかたちになったら、そのまま20秒ぐらいかけてエサを食べさせる。伏せるとエサが食べられるのだ、という快感を犬に感じさせておくことが大切。（写真6～7）

4

「フセ」という声かけとともに、何回かこの訓練を行う。できたら、必ずすぐに、穏やかにほめる。（写真8）

3

エサを握った手を地面につけるように下げる。犬は自然にフセの体勢になる

4

そのまま、訓練者は手を自分のほうに引き、犬を誘導していく

5

犬の頭部が接近したら、頭部から背部を軽く押さえぎみになでてやる

【フセ】

6 犬がフセの状態になりかかったら、指の間から少しずつエサを食べさせる

7 完全にフセのかたちができたら、そのままエサを食べさせて快感を与える

8 以上の動作に慣れたら、「フセ」の声かけとともに何回かこの訓練を行い、できたらほめる

オペラント技法

オペラント技法【フセ】なかなか伏せない場合の手順

以上の方法で伏せない犬の場合には、次の二つの方法で行ってください。

1

●訓練者は片ひざをついて、片足を前に投げ出し、犬のくぐれるトンネルをつくる。トンネルを通ればエサが食べられるように犬を誘導して、「フセ」をさせる。 （写真1～4）

2

●イスやベンチなどを利用し、犬にリードをつけてその下をくぐってこさせる。「フセ」の状態になっているときにエサを与え、伏せれば食べられるのだということを教える。 （P.113写真）

オペラント技法【フセ】応用❶ 足をくぐらせる方法

1 訓練者は片ひざをついて、片足を前に投げ出し、犬がくぐれるトンネルをつくる

2 犬にエサを見せる

【フセ】

トンネルの中からエサを見せて犬の気持ちを集中させる

3

4

犬がトンネルの中をはうように入ってきたら、エサを食べさせて快感を与える。以上はいずれも無言で行い、犬にエサを食べることをすすめるような手の動きをするのがポイント

オペラント技法

オペラント技法【フセ】
応用❷
イスやベンチを利用する方法

イスを利用して

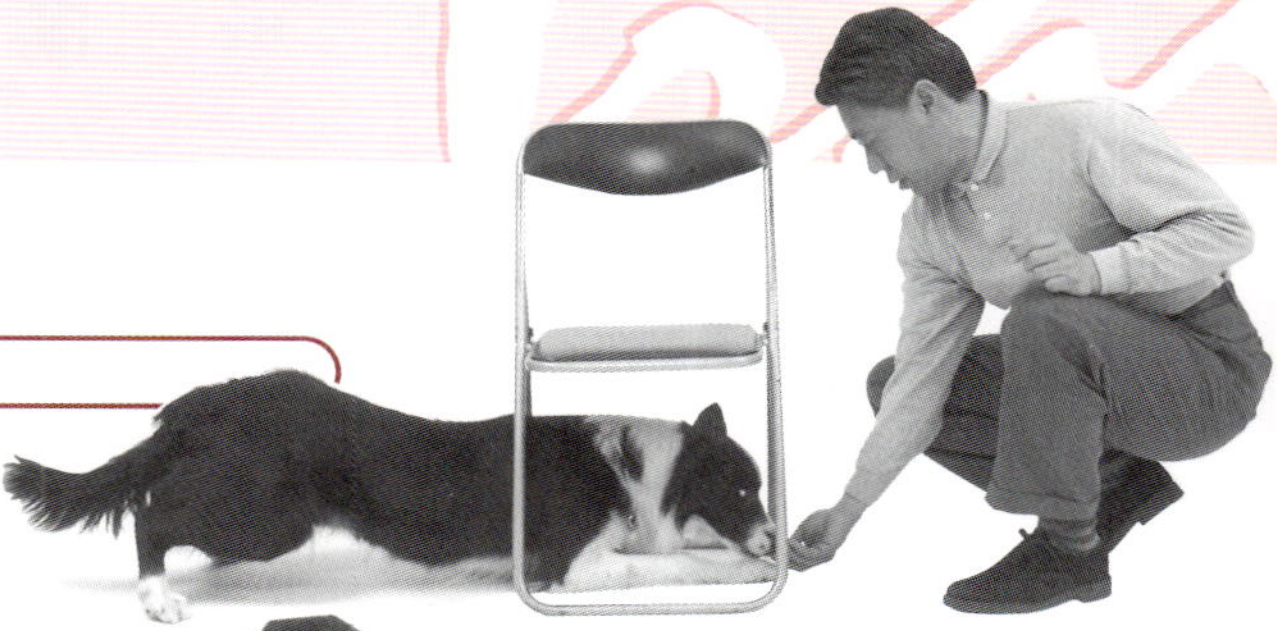

イスの間を通るように、エサを持って手で誘導する

フセのかたちがとれたらエサを与える

ベンチを利用して

ベンチの下からエサを見せる

犬がはってベンチをくぐるように誘導し、フセのかたちがとれたらエサを与える

【コイ】

オペラント技法
【コイ】
訓練の手順

犬は、服従していない人に呼ばれても行かないものです。飼い主は、犬の名前を呼べば、いつどんなときでも飛んでくるよう、しつけておきましょう。

犬を他の人に押さえてもらい、訓練者は犬にエサを見せながら、5mぐらい離れて立つ。そして、すぐに犬の名前と「コイ」を合わせて呼ぶ。（写真1～2）

オペラント技法
【コイ】
訓練のすすめ方

1

訓練者はエサを見せながら5mほど離れて立つ。犬は他の人に押さえていてもらう

2

犬の名前と「コイ」を合わせて呼ぶ

オペラント技法

3

訓練者のところへ犬が走ってきたら、大喜びしてほめてやりエサを与える。
以上を、何回か繰り返して行い、訓練者の立つ位置をだんだん遠くする。（写真4）

2

犬を押さえている人は、犬が行こうとしたら手をはなす。（写真3）

3

犬を押さえている人は、犬が行こうとしたら手をはなす

4

犬が訓練者のところへ走ってきたら、エサを与えてほめる。以上を何回か繰り返し、訓練者は立つ位置を徐々に遠くにしていく

【コイ】

オペラント技法【コイ】

応用①

くるのが遅い犬の場合

犬を呼んだらすぐ飛んでくるようにしつけることが大切ですが、反応が悪い犬であったり、わがままな犬では呼んでもなかなかこない場合があります。

犬を呼んだら、訓練者は逆方向へ走って逃げます。犬が追ってきたら、すぐにしゃがんで、ほめてエサを与えます。早く行かないと、訓練者に逃げられてしまう、ということを教えましょう。

1 犬の名前と「コイ」を合わせて呼ぶ

2 訓練者は背を向け、ついてこないと行ってしまうそぶりをする

3 犬が追いかけてきたら

4 しゃがんでエサを与え、ほめる

オペラント技法

オペラント技法【コイ】
応用❷
すぐに反応しない子犬の場合

子犬などの場合、外に連れて行くと周囲に夢中になってしまい、呼んでも気がつかなかったりして、飼い主の命令に従わないことがあります。

1 家から少し離れた場所に犬を連れて行く

2 犬は自分の縄張り外なので不安を感じ、地面のにおいをかいだりする。そのすきに訓練者は物陰に隠れる

3 犬は必死になって探そうとするので、不安を感じさせてから呼び、犬がきたらよろこんでエサを与えてほめる

呼んでもすぐに反応しない子犬は、見知らぬ公園や広場に連れて行きます。このような場所で、訓練者は犬のすきを見て隠れてしまいます。犬は迷子になったことに気づいて、あわてて訓練者を探します。このように犬に“ドッキリ”する経験をさせておくと、呼ばれたらすぐ反応するようになり、また、飼い主から目をはなさなくなります。ただし、これを何回もやると犬は慣れてしまい、効果はなくなります。

【アトヘ】

オペラント技法【アトヘ】訓練の手順

「アトヘ」は「ツケ」と同じ意味で、服従性を高める訓練です。ここではエサを使ったオペラント技法によって訓練しましょう。

1 犬を左側につけて歩く。（写真1）

2 犬が前に出ようとしたら、左手に持ったエサで後ろへ誘導しながらエサを与える。（写真2〜3）

オペラント技法【アトヘ】訓練のすすめ方

1

訓練者は犬の左側に犬をつけて歩く

オペラント技法

2

犬が前に出ようとしたら、左手に持ったエサで後ろへ誘導する

3

エサを握った手を自分の左足の位置にしてエサを与える

オペラント技法【アトヘ】
注意ポイント
右手でエサをやる悪い例

犬が前に出るのを制するとき、右手を使ってはいけません。右手でエサをやると、犬が訓練者の前を回りこもうとするので逆効果となります。

訓練の応用

芸を教える

古くから、「お手」「お回り」「チンチン」などの芸ごとを教えるのは、犬の飼い主の楽しみでした。

これらの動作はしつけと違い、日常生活のなかでは必ずしも必要ではありません。しかし、飼い主のなかには「うちの犬は頭がよくてなんでもできる」などと自慢げに話すのを聞くことがあるように、自分の犬が芸を覚えるのはうれしいものです。

ここで教える芸は、犬にとって苦痛に感じられるものではまったくありません。犬との遊びのなかで覚えさせるのがよいでしょう。教えるなかで飼い主との信頼関係が高まり、服従性の強い犬になります。

いずれも、最初は無言のうちにごほうび（エサ）を使って覚えこませます。できるようになったら、体や手の動き、声による命令だけで行えるようにしむけます。

チンチンは犬が得意とするポーズ

新聞を持ってくるゴールデン・レトリーバー

休め

犬に「ヤスメ」と命じて、一定の場所で休止（腰を横にくずしたフセの姿勢）をとらせます。数分間ポーズを持続できることが大切です。

❶
フセの状態から
スタート。
フセができたら
エサをやる

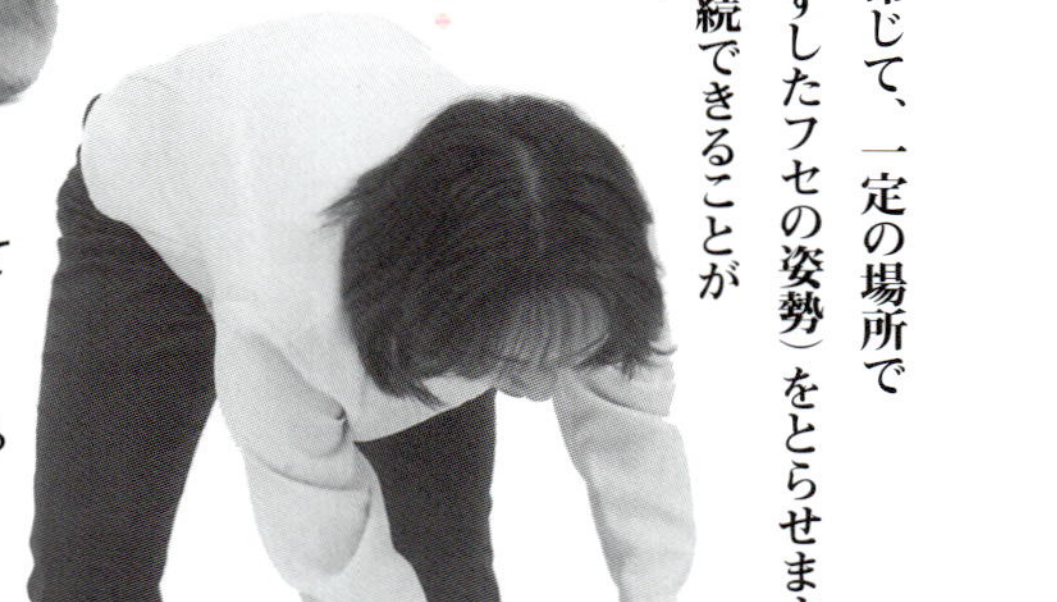

❷
エサを使って
腰をくずす
かたちに
誘導しながら
「ヤスメ」と
命令する

❸
姿勢を決める

❹
完全なヤスメのかたち

お手

犬に「オテ」を命じて、犬の片方の手首と握手します。
次に「オカワリ」と言って、もう一方の手首と握手します。

❶
オスワリをさせ
手に持った
エサのにおいを
かがせて犬の気持ちを
高めさせる

❷
犬がエサを欲しがって
手（前足）を出してきたら
訓練者は
エサを与えながら
差し出した犬の手を
片方の手でつかみ
「オテ」と声をかける

❸
エサを握っている
手を開いてエサをやる

チンチン

犬に「チンチン」と命じて、
両前足を上げた状態で10秒間ほど座らせます。
両足を伸ばして
立ち上がったポーズはいけません。

❶
オスワリをさせ
エサのにおいをかがせて
お手の状態をつくる。
犬が片手を上げてきたら
スッとつかむ

❷
もう一方の手も
上げてきたら
同様にしてつかみ
姿勢（型）を教える

❸
座っている犬の頭の
位置より少し高い位置に
エサを持っていくと、自然と
チンチンのかたちになる。
うまく姿勢がとれたら
「チンチン」と声をかけ
エサを与える

寝ろ

犬に「ネロ」と命じて、四肢を投げ出したような格好でほおを地面につけたままの姿勢をとらせます。約10秒間、そのままのポーズをとらせます。

❶
フセの状態を
つくる

❷
「ネロ」と命じながら
完全に腹が
出るところまで
エサを持つ右手で
誘導していく。
左手は犬の体を
なでるようにして
寝る体勢にもっていく

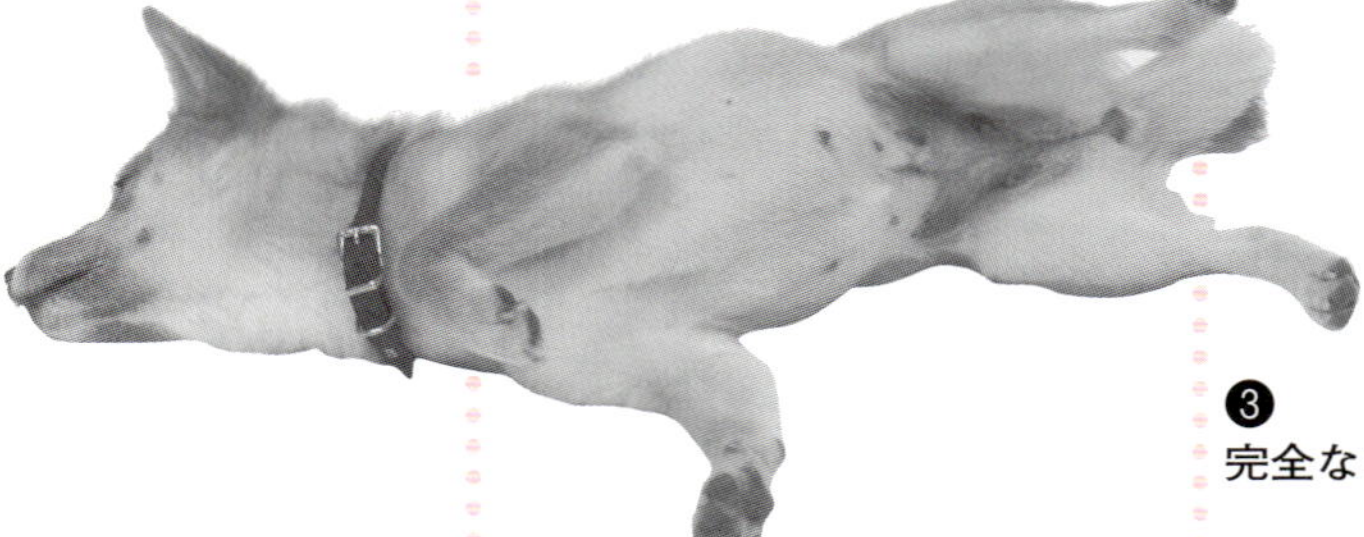

❸
完全なネロのかたち

おんぶ

犬に「オンブ」と命じて、背負います。
犬がとび乗れるように、訓練者は安全な姿勢をとることが大切です。

❶ イスなどの高い位置にオスワリさせる

❷ 訓練者は犬に背を向けてしゃがむ

❸ 肩ごしにエサを見せ「オンブ」と声をかけながらとび乗るように誘導する

イスなしで行う

8の字股くぐり

犬に「クグレ」を命じて、開いて立った訓練者の両足の間を8の字型に股くぐりさせます。3回ほど連続して行えるようにします。

❶ 訓練者は体の左側に犬を座らせる

❷ 「クグレ」と声をかけ股の間を正面を通って右側に抜けるようにエサで誘導する

❸ 右側に抜け終わったら正面に戻し「クグレ」と声をかけて左側に抜けさせる

手の動きだけで指示する

お回り

犬に「オマワリ」と命じて、2本足で立ち上がったままの状態で回転させます。何回か続けて行えるようにします。

❶
訓練者は
犬と対面して
立つ

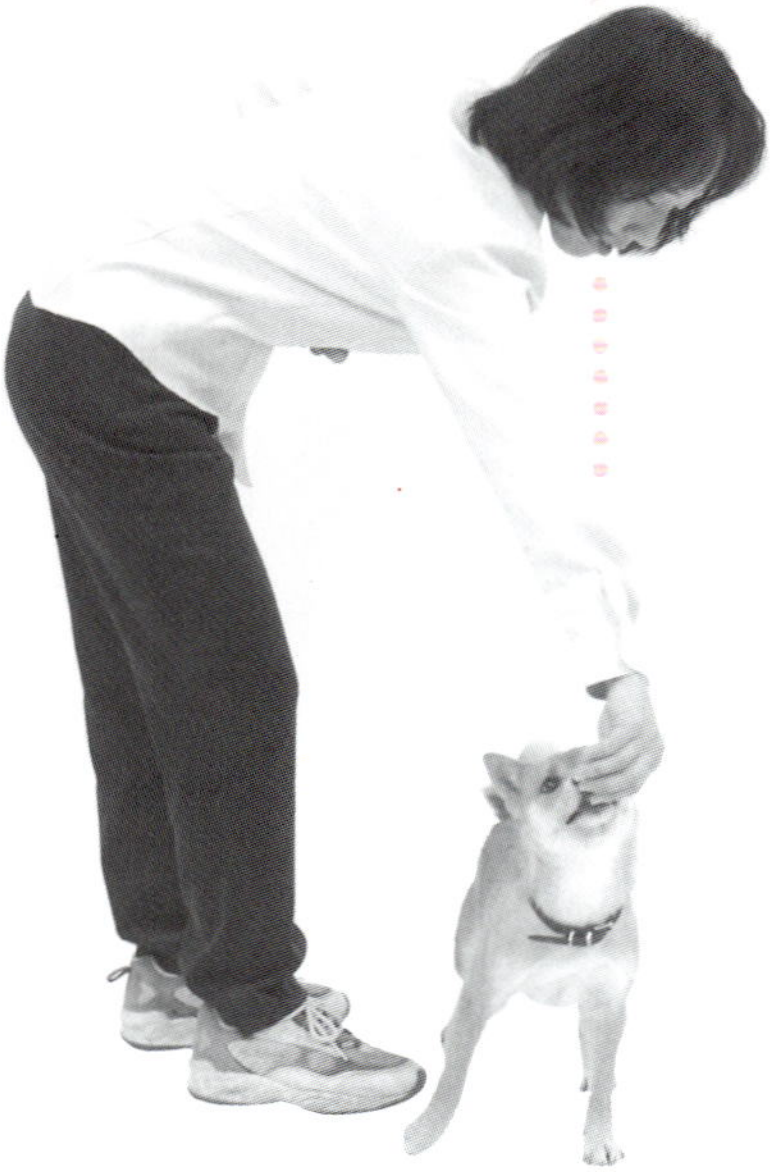

❷
エサを握った手を
犬の目の前に差し出し
「オマワリ」と声をかけて
円を描くように右に回す
（右回転）

❸
次に逆回り
（左回り）させる。
左回りするときは
左手にエサを持ち
左に回す

手の動きだけで指示する

ローリング

犬に「ゴロンゴロン」と命じて横転させます。右横転ができたら左横転と、どちらへも横転できるようにします。

❶
ヤスメのかたちをとらせる

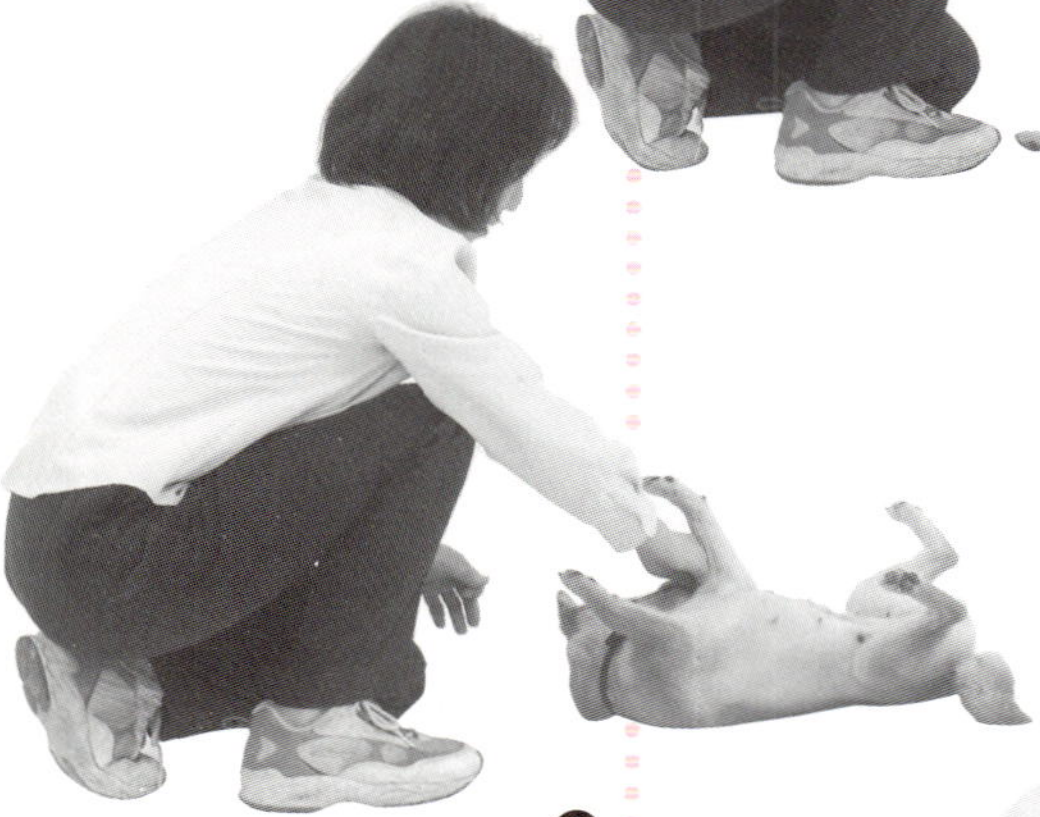

❷
180度回転するように「ゴロンゴロン」と声をかけながらエサを握る手を鼻先で回転する。犬の鼻先から手が離れないように注意

❸
うまく回転できたらエサをやる

手の動きだけで指示する

股くぐり歩き

犬に「クグレ」と命じて、訓練者の前後する股の間をくぐらせ、前へ進みます。

❶ 訓練者は体の左側に犬を座らせる

❷ 訓練者は右足を1歩前に出す。開いた股の間を犬が通るようにエサを持つ手で誘導し、「クグレ」と声をかける

❸ 今度は左足を出し、右足の場合と同様にして股の間をくぐらせる。右足、左足のケースを繰り返して行う

❹ 最初の姿勢に戻る

腕とび

犬に「トベ」と命じ、犬の前に差し出した腕をとび越えさせます。腕とびができたら、腕輪をつくり、とび抜けることも教えます。

❶
机の脚などに
片手をそえ
反対側の手に
持ったエサを
犬に見せる

❷
「トベ」の声をかけながら
犬のとぶ方向に
エサを持った手を引いて
ジャンプさせる

用具なしで行う

腕輪とび

壁などに両手をそえて
輪をつくり、
その間をとばせる。
できるようになったら
両手を組んだ輪の中を
とばせる

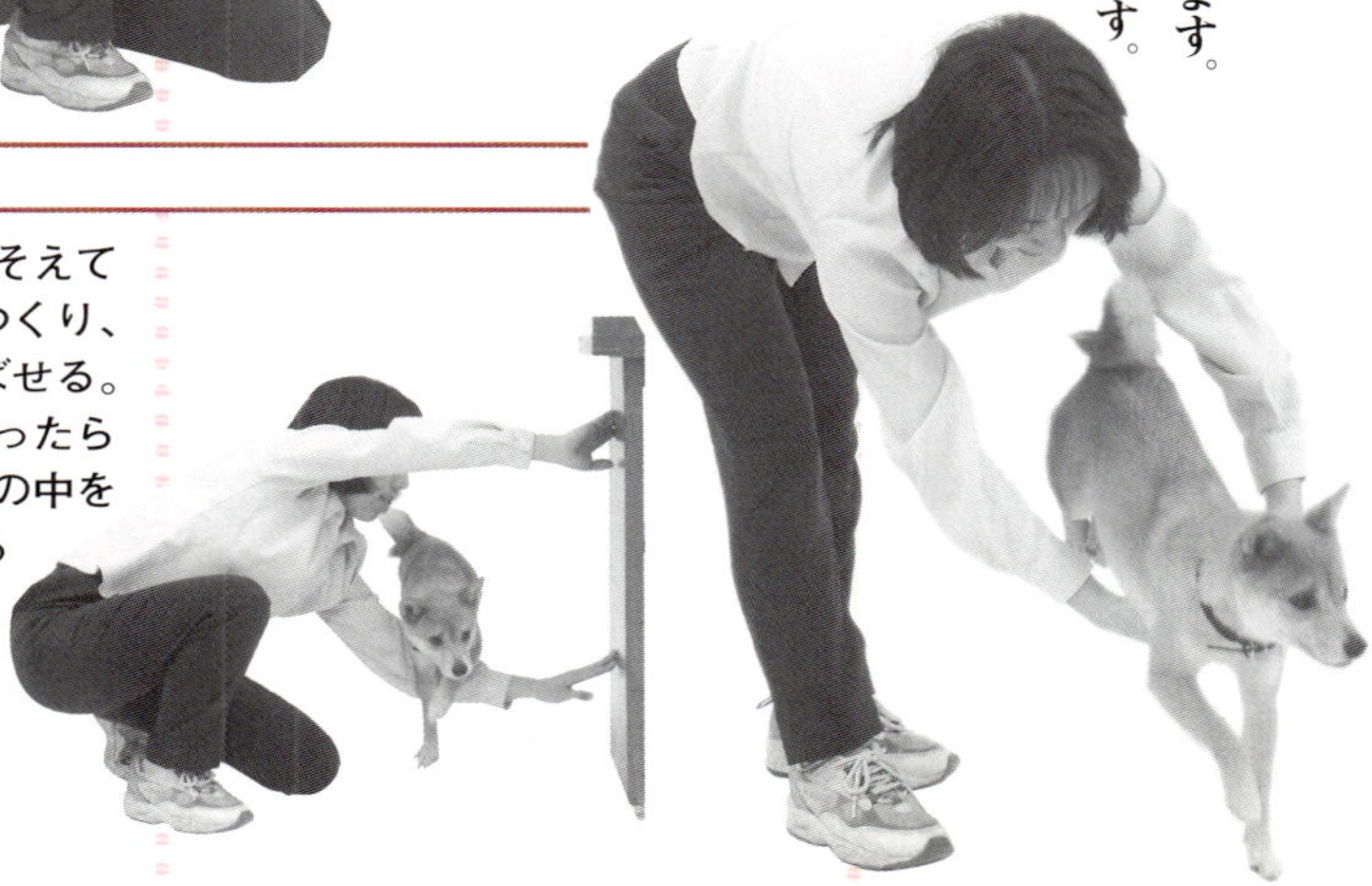

足とび

犬に「トベ」と命じて、犬の前に差し出した足をとび越えさせます。腕とびと同じ要領で教えます。

❶
訓練者は
左側の足を
机の脚などにそえ
右手に持った
エサを犬に見せる

❷
「トベ」の声を
かけながら
犬のとぶ方向に
エサを持った
手を引いて
ジャンプさせる

訓練者は
立った姿勢で
片足を前に出し
「トベ」と命令して
足の上を
とび越えさせる

用具なしで行う

棒とび

犬に「トベ」と命じて、犬の前に差し出した棒をとび越えさせます。最初は低い位置から、徐々に高くしていくのがポイント。片方ができたらもう一方と、往復してできるようにしましょう。

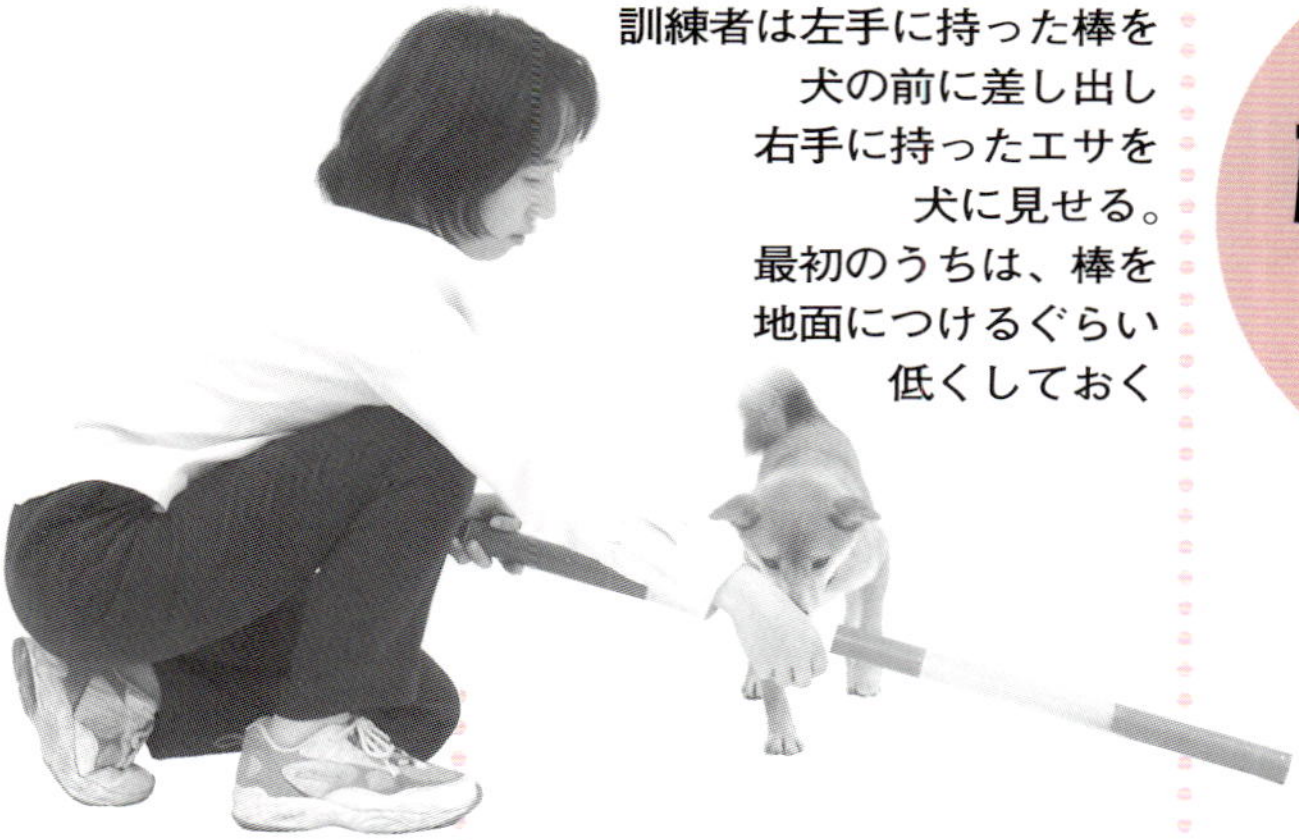

❶
訓練者は左手に持った棒を犬の前に差し出し右手に持ったエサを犬に見せる。最初のうちは、棒を地面につけるぐらい低くしておく

❷
「トベ」の声をかけながら犬のとぶ方向にエサを持った手を引いてジャンプさせる

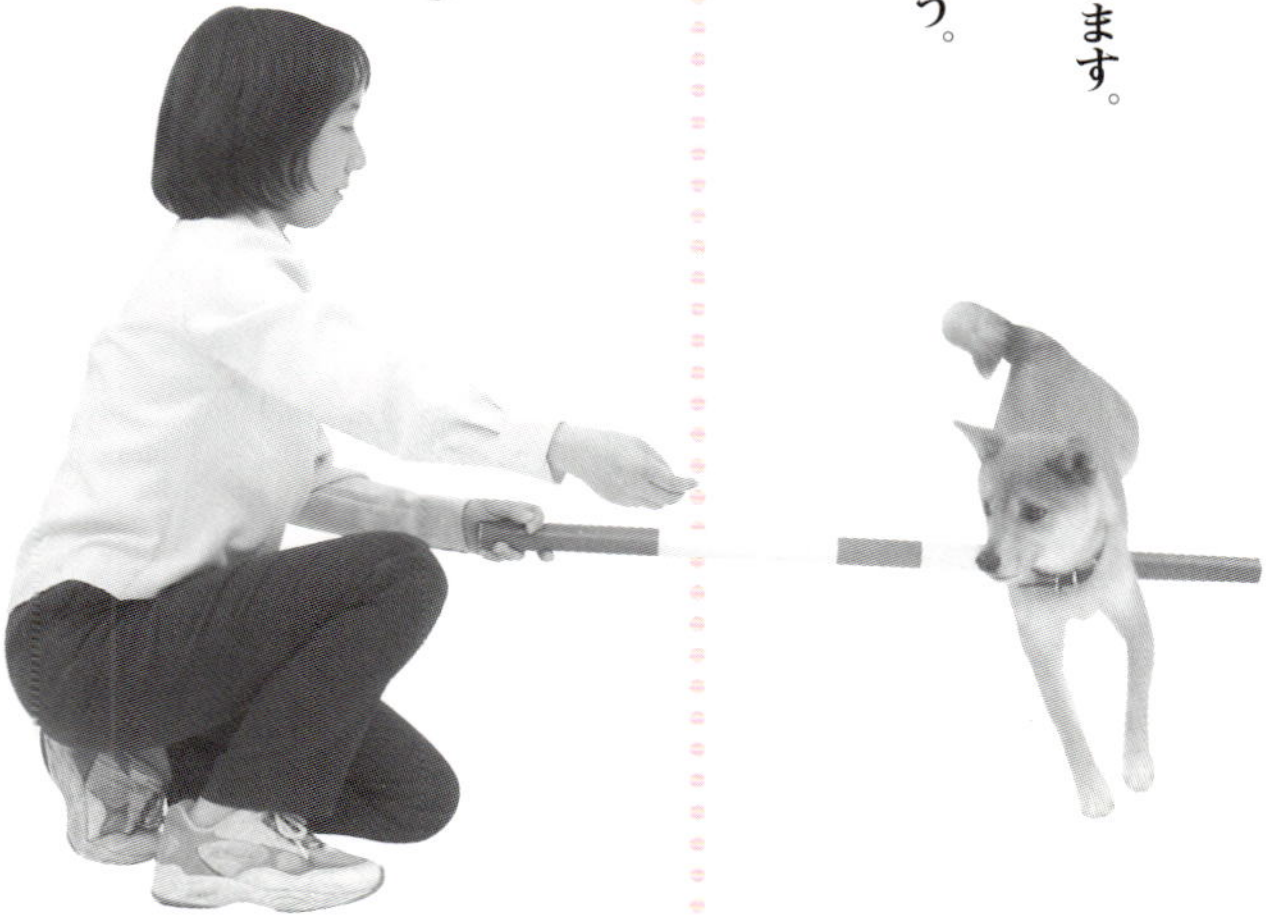

❸
低い位置の棒をとび越せるようになったら、棒の位置をだんだん高くしていく

くわえて歩く

犬に「モッテ」と命じて、ダンベルなどの物品をくわえさせます。
くわえることができるようになったら、
投げたものをくわえて歩いてくるように教えます。

❶
犬を座らせたら
訓練者も片ひざを
ついて座り
右手にダンベルを持ち
左手で犬の体をなでて
リラックスさせる

❷
「モッテ」と声をかけながら
ダンベルを口に
くわえさせる。うまく
くわえられないときは
くわえやすいように
アゴの下を支えてやる

❸
くわえた状態

❺
犬がダンベルを
くわえたら
「モッテコイ」と命じて
くわえて持ち帰ることが
できるようにする。
持ってきたらくわえた
ダンベルを取ってやり
よくほめる

❹
くわえることが
できるようになったら
「モッテ」と声をかけて
置いたダンベルを犬が
自分でくわえるようにする。
置く位置を徐々に遠くし
最終的に投げてやる

注意●攻撃的な犬の対処法

ふだんから
口をあけさせる訓練を
しておくことが大切。
口もとをさわらせない
攻撃的な犬の場合は、
まずしつけ面の強化
（ホールドスチール、
タッチング）をしよう

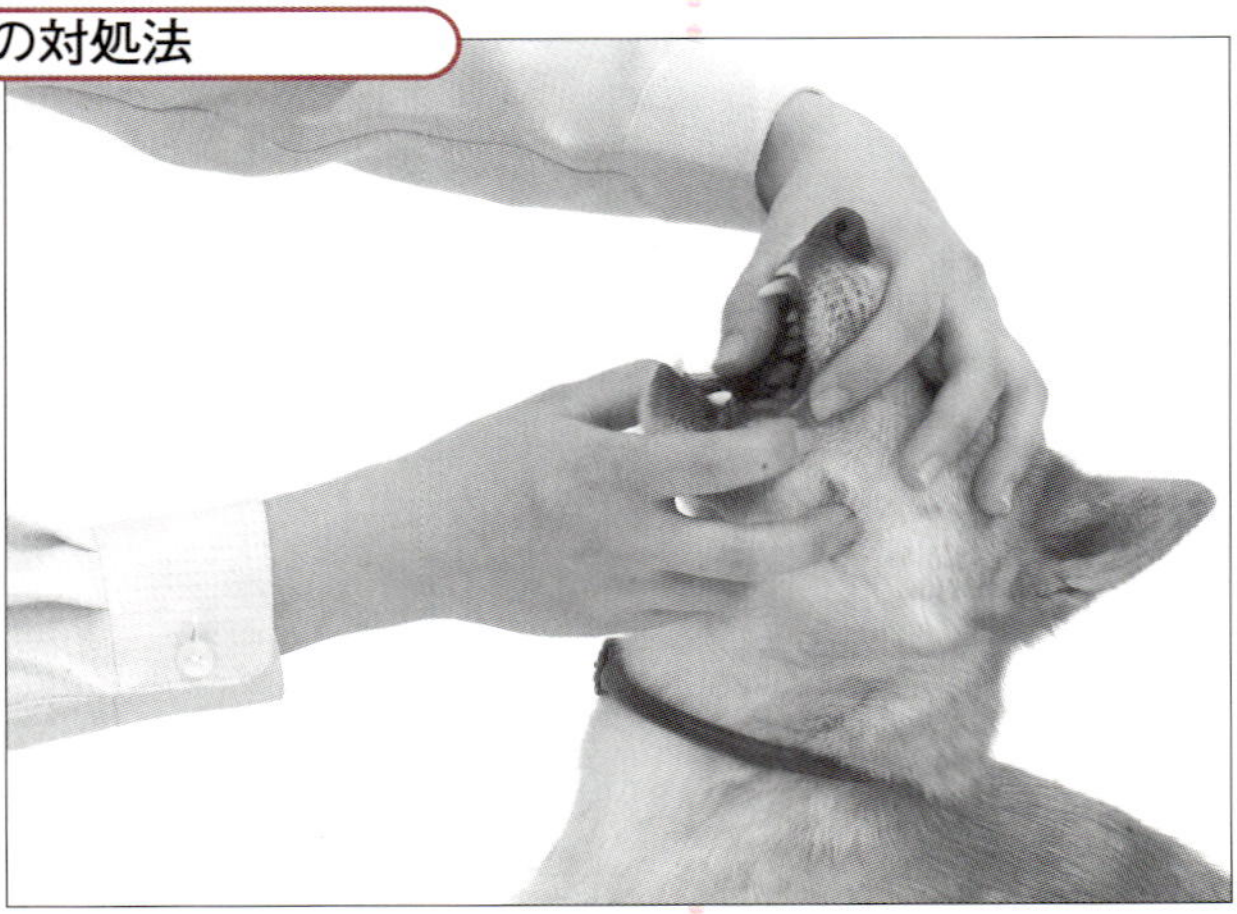

障害飛越

犬に「トベ」と命じて、障害物をとび越させます。
机やイスなど身近なものを障害物として利用します。
犬に恐怖心を持たせないことがポイントです。

❶
「トベ」の声をかけながら
犬のとぶ方向に
エサを持った手を引いて
ジャンプさせる

❷
最初は低い
障害物から始め
徐々に高くしていく

イスを使って

生活のしつけ

子犬にトイレのしつけをすることを、アメリカでは「ハウスブレーキング」（家を壊す）と呼ぶそうです。それだけ、苦労するということでしょう。トイレに限らず、食事、散歩のしつけも、健康な犬を育てるためには欠かせないもの。毎日のことだからこそ、愛情をこめて取り組みましょう。

　トイレのしつけなどは犬が家にきた日から始めますが、本格的なしつけは生後2か月を過ぎたころから徐々に始め、生後6か月ぐらいまでに覚えさせるのが理想です。成犬になってからでは時間がかかりますから、できるだけ早いうちから教えておきましょう。

　注意したいのは、「最初が肝心」ということです。何かを教えたり体験させるとき、犬には最初の印象が強く残るものです。初めに間違った対応をすると、後々まで引きずってしまうことになりかねないからです。

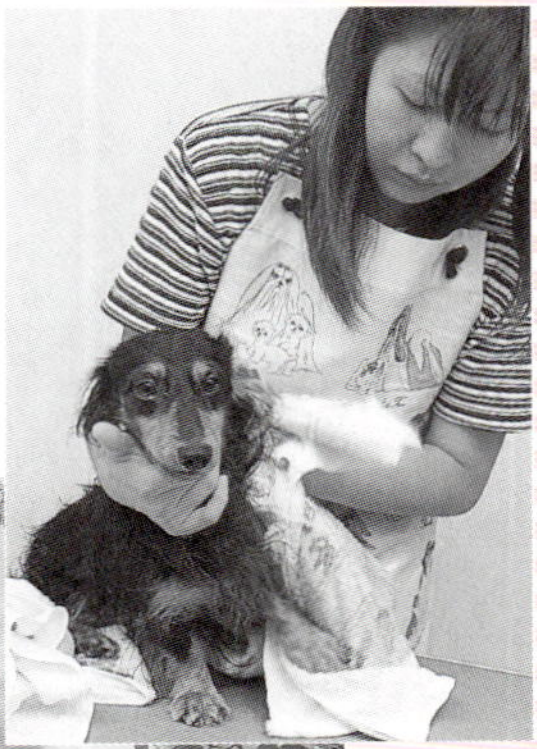

ペット美容院や動物病院にかかるためにもしつけは大切

よくしつけてあれば、リードがなくても安心

排便の処理をきちんとするのは飼い主のマナーだが、散歩に出る前に自宅でトイレができるようにしつけたい

1 トイレのしつけ

あせらず、根気よくが大切

子犬がわが家にきたら、その日から始めなければならないのがトイレのしつけです。

犬は本来きれい好きな動物で、寝場所（ハウス）から離れたところで排泄をし、居場所を汚さない習性をもっていますので、この習性を利用してしつけます。

子犬のうちは頻繁にウンチとオシッコを繰り返しますから相当の覚悟が必要です。また、生後2〜3か月頃までの子犬は、機能的にも未熟で、排泄のコントロールがうまくできません。ですからこのしつけの時期はきびしくしかっても意味がなく、逆効果であることも知っておきましょう。

トイレのしつけは、あせらず、根気よく、が肝心です。

トイレは犬がくる前に準備しておく

犬をわが家に迎え入れたとき、いちばん最初に必要になるのがトイレです。しつけの第一歩でもありますから、前もって準備しておきます。

しつけができるまではトイレはサークルを利用して中にペットシーツを敷きます。トイレタイプを使う場合も必ずサークルで囲いましょう。

子犬が朝目覚めたら、まずハウスから出してトイレに連れて行きます。サークルの扉を閉めて排泄するまで待ちます。トイレで排泄しかけたら少しだけヨシヨシと、それでよいのだという合図に声をかけます。オシッコやウンチをしたら、よくほめてハウスに戻します。

朝目覚めたとき以外に、食事の後、遊びの前後、昼寝から起きた後などが犬の排泄タイムです。そのほかにも床のにおいをかぎまわって、ソワソワと

床のにおいをかぎまわったり、ウロウロ、ソワソワするのはトイレのサイン

落ち着きがないときは便意や尿意のあるサインなので、すぐにトイレに連れて行きます。

排泄後は、すぐに汚れたペットシーツを新しいものに取り替えます。犬はきれい好きなので汚れている場所ではなかなかしたがりません。

もしも、別の場所で排泄してしまっても、決してしかってはいけません。このときは無視してかたづけます。そのかわり正しいところでしたときは、十分にほめるということを繰り返します。そのうちトイレの場所を覚えて自分から行こうとするようになるので、サークルの扉を開けて自由に出入りできるようにします。こうしてトイレのしつけができていきます。

新聞紙を利用してしつける方法

まず、犬が出られないような1室または広いスペースの床全面に、新聞紙を敷きつめます。新聞紙の下にビニールを敷いておくとなおよいでしょう。この中で犬を飼います。こうすると犬はどこで排泄しても常に新聞紙の上ですることになります。汚れた部分の新

新聞紙を利用したトイレのしつけ。徐々にスペースを狭くしていく

ケージの中にトレーを置いてはダメ。サークルの中全面に新聞紙やシーツを敷きつめてトイレにする

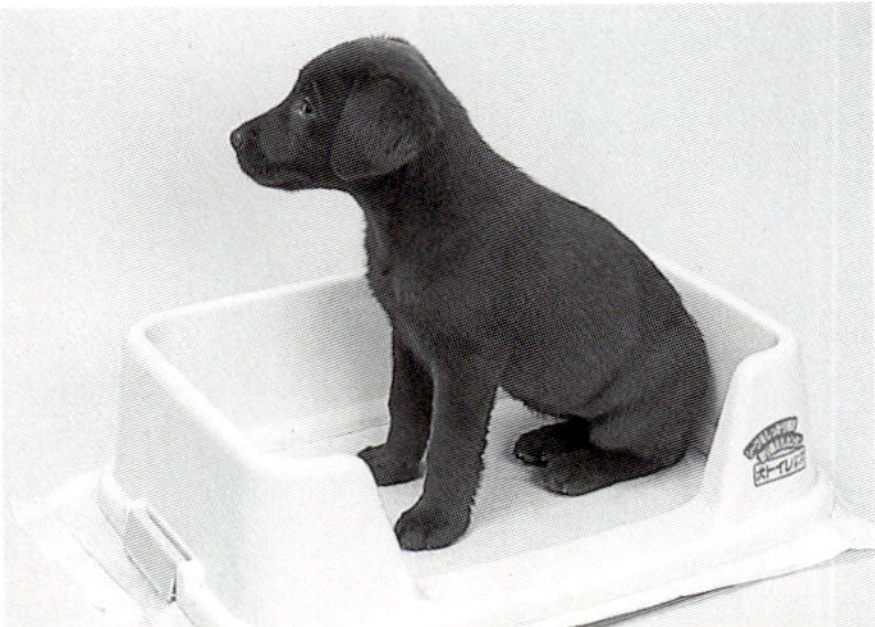

トイレの大きさは犬の成長を考えて、初めから大きめのものを用意するのがよい。この犬にこのトイレは小さすぎる

聞紙を取り替えながら、1週間から10日ほどこの状態を続けると、犬は新聞紙＝排泄と条件付けされます。

その後、新聞紙を1枚ずつ5～7日おきに取り除いていきます。新聞紙の面積が段々少なくなっていきますが、最終的に新聞紙1枚分のスペースになっても、その時点では必ず新聞紙の上で排泄するようになっています。

トイレ以外の場所で排泄した場合の処理

もし、トイレ以外の場所でそそうをしてしまったときには、その場所ににおいが残らないよう徹底してにおいを消し取ってください。においが残っていると、またそこで排泄することがあるからです。市販の消臭剤や酢、アルコールなどを使うと効果的です。

また、そそうをしてしまった後で犬をしかっても、犬には何のことかわかりません。「ウンチをしたら、しかられた」ぐらいにしか理解できず、部屋の隅などで隠れて排便するようになり、逆効果です。

反対に、自分からトイレに行ってちゃんとウンチやオシッコなどができたら、「ヨシ、ヨシ」などと声をかけて大いにほめてやりましょう。「トイレで排泄をすると、飼い主は大よろこびする」ということを理解するようになれば、しつけは大成功です。

そそうをしたときの処理

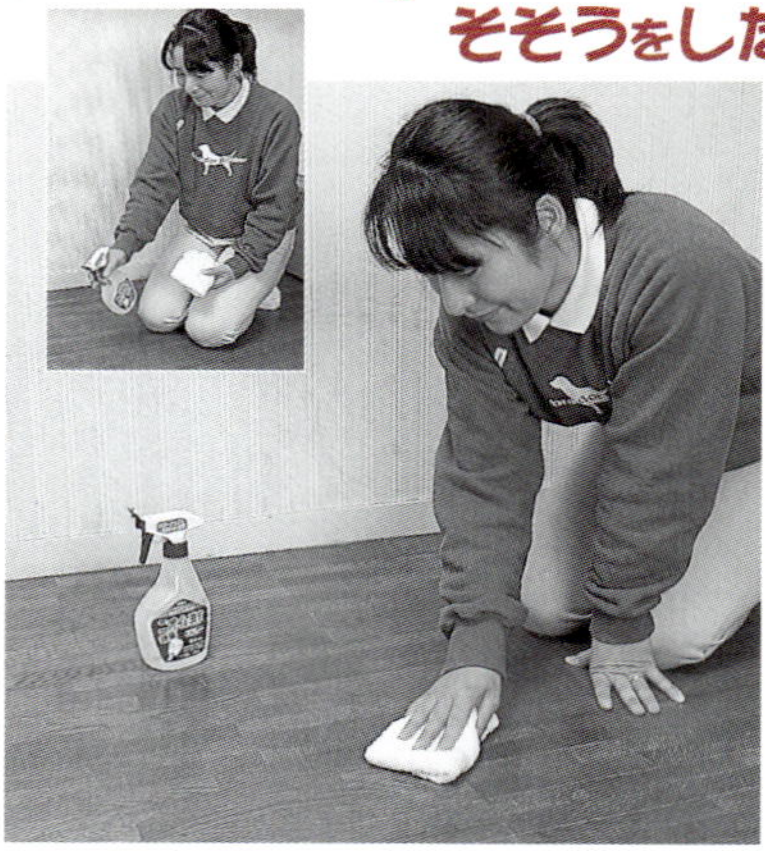

トイレ以外の場所に排泄したら、よく拭き取り消臭剤などを使って徹底的ににおいを消す

トイレの置き場所

日が当たるベランダは最適の置き場所

洗面所の隅は水洗いがしやすく、便利

トイレの場所はあちこち変えない

トイレの場所については、室内飼育ではベランダや洗面所の隅など、日を当てることができたり、水洗いしやすいところが理想です。家族の了解があれば風呂場をトイレに利用するのもよいでしょう。便は取り除き、尿は洗い流しておきます。

屋外飼育では、庭の隅にトイレ容器を用意するか、水道の設備をしてすぐに洗い流せるスペースを作ります。

いずれにしても、一度トイレの場所を決めたら、あちこちと移動しないことが大切です。

散歩のときに排泄をさせる方法

散歩に出られるようになれば、そのときに排泄させることも可能です。成犬になれば、1日に1～2回の排泄ですみます。その場合には、新聞紙、ポリ袋、ティッシュなど用意して、便は必ず持ち帰りましょう。

犬が便意をもよおして、においをかぎはじめたら、すかさずおしりの下に新聞紙を置くか、直接ポリ袋を広げて便を受けるようにすればよいでしょう。

ただし、市街地などの密集した地域で散歩させる場合には、自宅で排便、排尿をさせてから出かけるのがマナーです。特に中型や大型犬では、排泄の量も多いですから、ぜひ心がけてください。

散歩中の排泄処理

散歩中に排泄したら、必ず持ち帰るのが飼い主のマナー。そのためにもポリ袋、ティッシュなどを携帯することは欠かせられない。できたら、散歩に出る前に排泄する習慣をつけさせたい

2 食事のしつけ

甘やかしは禁物

食事のしつけで特に気をつけたいことは、甘やかさないことです。かわいいからと人間の食事を与えたり、まだ欲しそうだからと適量をこえてエサを与えがちですが、食事は犬の健康にじかに影響を与えます。飼い主はしっかりと食事の管理をしてやらなければいけません。

犬専用の食器を用意して、毎回同じ食器で食事を与えます。水飲み用の食器も用意します。

食事は犬種や年齢によってそれぞれ適切な量があります。ドッグフードのパッケージに記載されている量と回数を目安に適量を与えるようにします。

一度にガツガツと食べるのは犬の習性です。ペロッと食べてしまったからといって量を多くしたり、回数を増やしたりしないで、きちんとコントロールしましょう。

成犬になれば、食事の回数は1回でよいでしょう。朝に与えるか、夕方、夜に与えるかは、飼い主側の都合に合わせてかまいません。

たとえば、昼間留守にする家庭では、朝の散歩の後で食事を与えます。満腹になった犬はさびしさや退屈さを感じることなく、ゆっくりと休むことができます。反対に、夜にさびしさからほえるような犬の場合には、遅い時間に与えることで、神経をたかぶらせることなく、ぐっすり眠ってくれるでしょう。

室内で犬を飼育している場合は、家族の食事が終わってから、与えるようにします。この順序を習慣化することで、家族の優位性を教えることになる大切なしつけです。

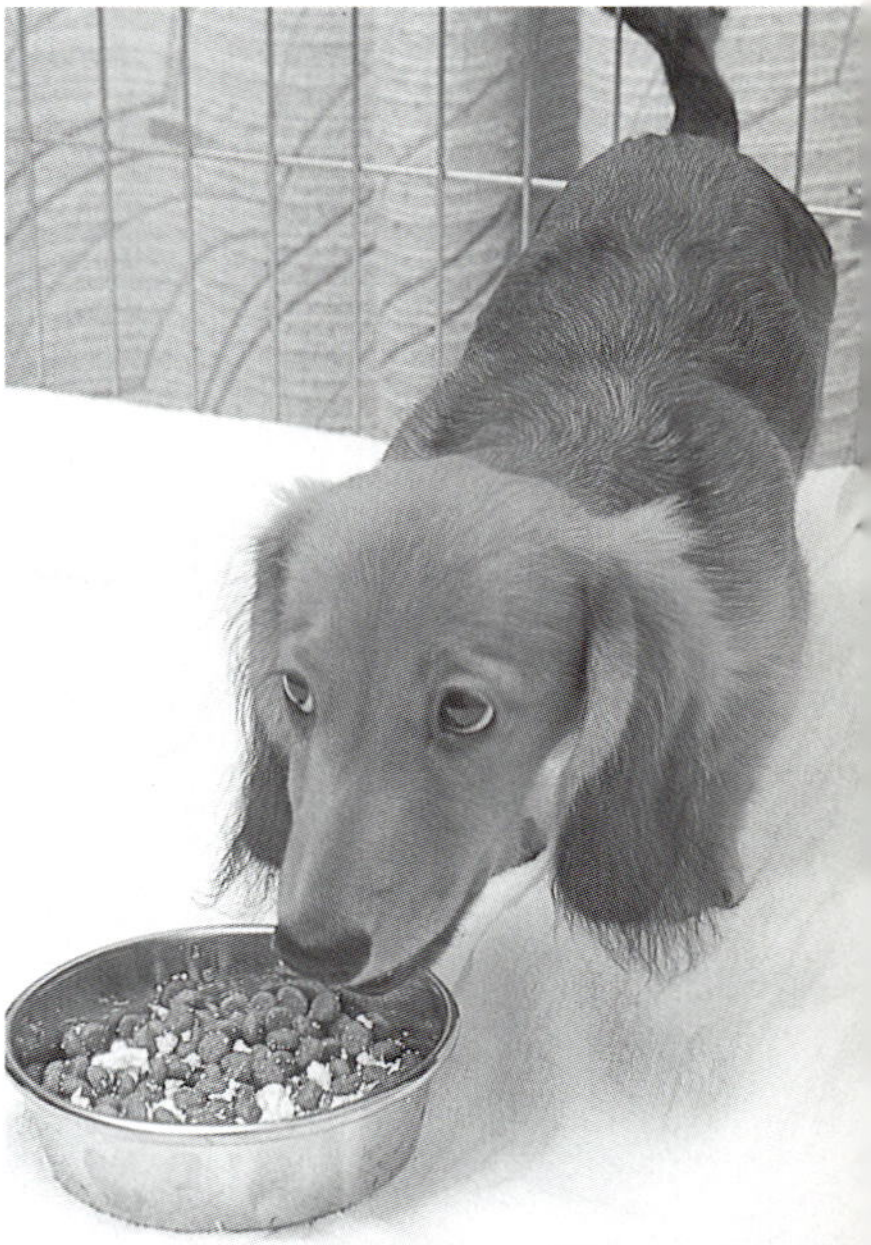

声をかけて気をそらせたりせず、食事中は食事に専念させるようにする

落ち着いて食べられる場所で与える

ハウスの中など、犬が落ち着いて食事に専念できる場所を選びます。食事中は食べることに専念させ、気をそらせたり、何かを命じたりしてはいけません。

食卓のごちそうを犬に与えてはいけない。人間の食事と犬の食事は違うのだ、ということを犬にわからせよう

食事の後は排便することが多い。トイレのしつけができていない間は、食事がすんだらトイレに連れて行くようにする

食事が終わったら、食べ残しがあっても食器はすぐかたづける。新鮮な水は十分に

食事は安心して食べられる、落ち着ける場所を選ぶ

食器は出しっぱなしにしておかない

健康な犬であれば、数分できれいに食べ終わるのがふつうです。食事が終わったら、すぐに食器を洗ってかたづける習慣をつけてください。

出しっぱなしの食器はハエなどがたかって不衛生なばかりでなく、犬がおもちゃにして遊ぶ悪いクセのもとになります。また、犬がいつでも食べられると思い込んでしまい、食事の途中でどこかに行ったり、食べたり遊んだりというような食事のとり方をするようになってしまいます。健康にもよくありません。

もし食べ残している場合でも、とりあえずかたづけてしまいます。食欲がないのか偏食からのわがままなのか、ようすを見て対応します。犬は小鳥などと違い、1～2日は何も食べなくても死ぬようなことはありません。安心してかたづけてください。

水は1日に何回か与えて、そのとき飲まなければかたづけるのが衛生面やしつけにおいてもよいでしょう。かたづけない場合でも、新鮮な水が飲めるように、ときどき水を換えるようにしてください。

食事の与え方

❶犬が座れるぐらいの高さにエサを持っていく。高すぎるととびつくので注意

❷座ったらすぐ食べさせる。あまり待たせると、犬に悪い感情を与える

❸きちんとオスワリができない場合は、手でコントロール

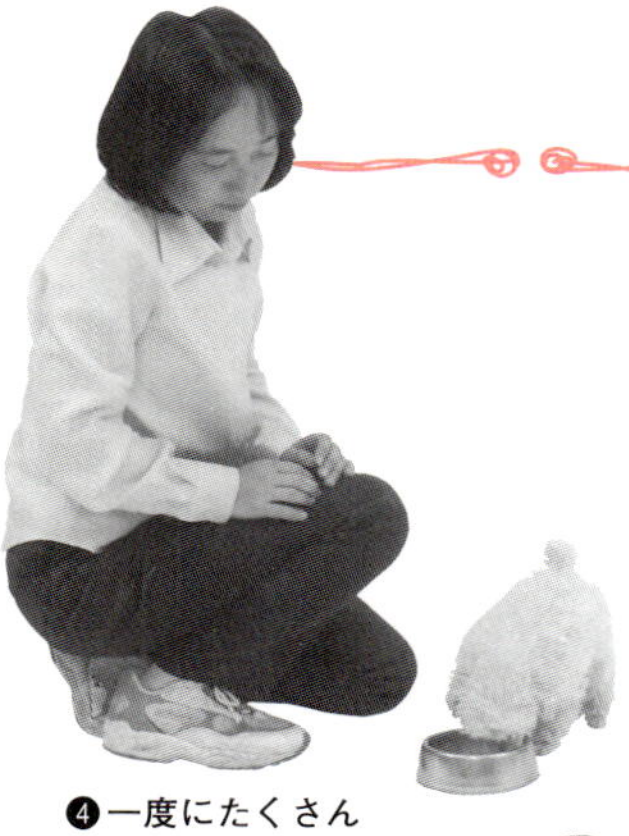

❹一度にたくさん与えず、少なくなったら足していくのがよい

食事のときは「オアズケ」は教えないのが無難

犬に食事を与えるときは、オペラント技法による「スワレ」を教えておいて、座ったらすぐ与えるようにします。また、「オアズケ」を教えようとして、できないからといってたたいたり、どなったりするのも避けましょう。

こうした行為を繰り返していると、食事中そばに人がいるとうなったり、かみつこうとするようになりがちです。あるいは、人がいるところでは食べなくなり、健康状態が悪くて食べないのか判断に苦しむことにもなります。

犬をひねくれさせたり、意地悪にしやすいので、こうしたしつけはやめるべきです。

与える量は一度にたくさん与えず、少なくなったら足していくのがよく、子犬のうちにしつけておけば人が近づいたり、食器に手を入れてもうなったりすることがなくなります。

3

散歩のしつけ

散歩はムリなく、ほどよく続けられるペースで

犬にとって毎日の散歩は、健康を維持するうえで欠かせないものです。運動能力を高めるだけでなく、ストレスの解消にも効果があります。

犬種の特性により運動能力の高い犬もいますが、散歩のペースは飼い主が決めてください。時間や距離を長く決めて、それを続けてしまうと、ある時、何かの事情でいつものとおり行えなかったときに、かえって犬にストレスがかかってしまいます。

ふだんは近所をまわってくるぐらい、たまの休日などには多めの運動といった形が理想です。また散歩に出かける時間も、一定にするよりいろいろ変えたほうが犬にストレスがかかりません。

また、成長期の犬には無理な運動は禁物です。注意してください。

犬の運動能力に合わせて自転車やボール拾いを活用する

休日など時間がたっぷりあるときや、ちょっと遠出をしたくなるような天気のとき、いつもと気分を変えて自転車で犬を連れ出すのも楽しいものです。

犬の運動能力に合わせて加減しながら行います。

この章のレッスン2（リーダーウォーク）で飼い主が十分に犬をコントロールできるようになった場合には、挑戦してみてください。はじめは、自転車を押しながら犬と一緒に歩きます。犬が自転車に慣れてきたら、安全な場所で走らせてみましょう。

また、散歩のコースに、犬を放せるようなスペースがあれば、ボール拾いの遊びをさせるのもよい方法です。これは犬が大喜びしますから、ぜひやってみてください。ただし、この場合もレッスン5の「コイ」を完全にマスターしていなければ危険です。

室内で自由に運動ができる小型犬も、散歩に連れて行こう

散歩は犬と飼い主のリラックスタイム

散歩のマナーは飼い主のマナー

この章の基本トレーニングをマスターし、服従性と社会性を身につけた犬であれば、散歩のマナーは完璧でしょう。常に飼い主の横を歩き、走る車やバイクを追ったり、人や犬にほえたりかみついたりはしないはずです。しかし、もし、通りすがりの犬や人にほえたりするようなことがあった場合には、リードを強くしゃくって、注意します。

また、それだけでなく、飼い主は相手に対しててていねいにあやまることも忘れてはいけません。散歩のマナーは犬のマナーであると同時に、飼い主のマナーであることを、肝に銘じておきましょう。

ボール遊び

犬を放せる場所があればボール遊びをさせるのも楽しい。ただし、「コイ」のしつけをマスターしておく必要がある

散歩が終わったら

散歩が終わったら、犬の体をよく拭いてブラッシングをしておきましょう。特に雨が降っていたときは、かぜをひかせないためにも十分に拭いてやりましょう。このときに、犬の体に異常はないか、チェックする習慣をつけておけばベストです。

また、水は十分飲めるよう用意しておきましょう。

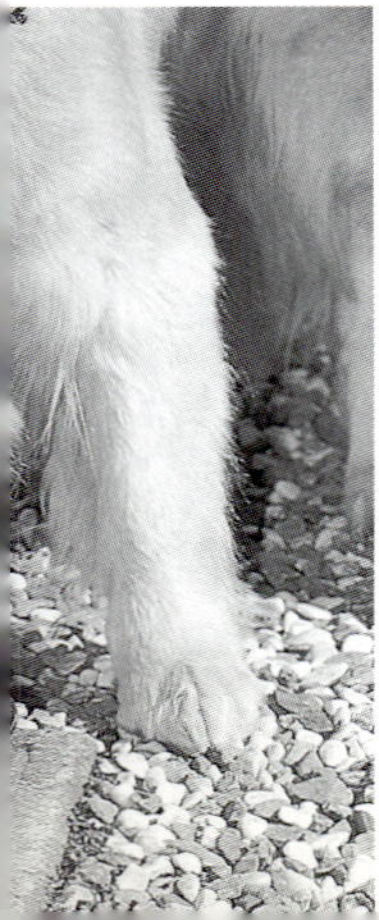

犬に主導権を与えない散歩のしかた

リードをつける前に、「スワレ」「マテ」を命じる

座って待っていたらリードをつける

外に出るときは、必ず飼い主が先に出る

通りに出たら、すぐ飼い主の左側につける

散歩から帰ったら

体をよく拭いて清潔に保つ

新鮮な水をたっぷり与える

散歩中のマナー

人と会ったときには、とびついたりしないようにマテやオスワリをさせる

公園などの人の多い場所ではリードをつけて歩く

排泄できない場所では、好き勝手ににおいをかぎ回ったりさせない

散歩の途中で買い物をする場合は、根気よく待てるようにする

知らない犬とあいさつするときは、かみついたりしないように注意する

排泄は問題のない場所で。後始末はきちんと行い、必ず持ち帰る

車に乗せるとき

獣医師のところへ連れていったり、旅行に出かけたりするときのために、ふだんから車に乗せることに慣れさせておくことも必要。勝手に乗り降りさせないように、また安全にドライブできるように、しっかりしつけておこう。

車に乗せるときは、安全に十分気をつけよう

「スワレ」「マテ」を命じる

「ヨシ」と声をかけて乗せる

乗ったら、「スワレ」や「フセ」を命じて動き回らないようにする

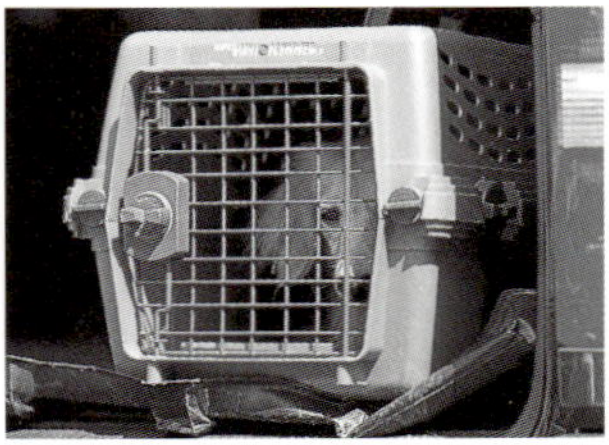

ケージに入れておけば安全。運転のじゃまにもならない

4 ハウスのしつけ

ハウスは犬の安息所

ここでいう「ハウス」とは、犬を犬舎やケージに入れることです。室内で飼う場合も、室外で飼う場合も犬のハウス（家）は必ず用意し、入り方をしつけておきましょう。

「犬を閉じこめているようでかわいそう」と思うのは間違いです。犬は先祖のオオカミの時代から横穴の薄暗い巣で繁殖し、これを基点に行動を広げて生活してきました。この巣がハウスであり、ハウスは犬にとっていちばん安全で休まるところなのです。

ふだんからハウスにいる習慣をつけさせておくことで、来客があるとき、留守番をするとき、車で移動するときなどになんの不安を感じることなく、ハウスで過ごすことができる犬に育てることができます。

しつけ方は、「ハウスにいればいいことがある」と犬に思わせることが大切で、エサを使ってむりなくしつけることが可能です。

ハウスのしつけも、ごく小さいときから行うのが効果的

ケージは犬にとって安息所、と思わせられるようになれば大成功だ

ハウスのしつけ方

エサをケージの中へ投げ入れて、「ハウス」と命じる

犬が中に入ってもまだ扉は閉めないようにする。犬に「だまされた」と思わせてはいけない

犬が向きを変えてきたら、入り口のところにエサを持っていく。中にいればエサをもらえると思わせるのがポイント

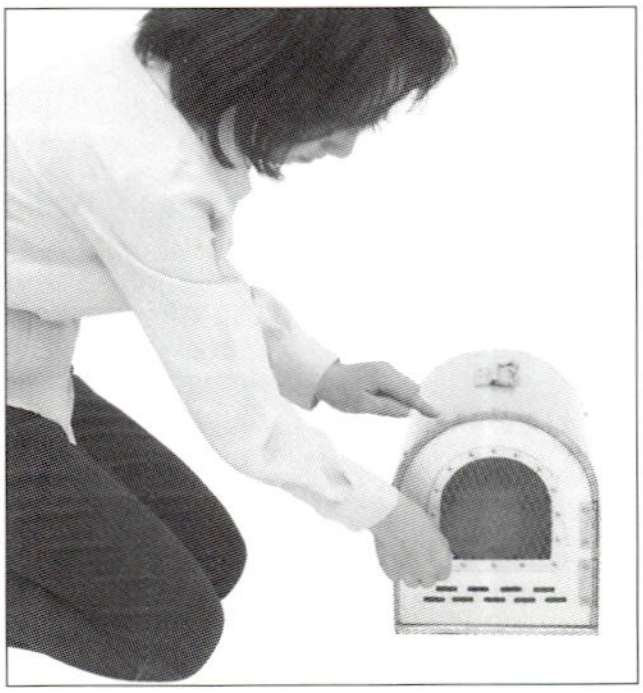

犬が出てこなくなったら、ここではじめて静かに扉を閉める

5 だっこのしつけ

スキンシップを大切に

子犬のうちからよくだっこをしてスキンシップをとることは、犬の服従性を育てるためにも欠かせません

だっこされることに慣れていない犬は、抱かれるのをいやがって暴れることがあります。だれにも安心して抱かれるように、だっこに慣れさせておくことが大切です。

だっこするときに注意したいのは、犬のおなかが前にくる（外向きになる）ようにすることです。こうすることで服従性が高められます。また、抱く位置を高くして、人間の肩より上に犬の頭が出ないようにします。これは犬の目線が人間より上にいって、優越感を覚えることを防ぐためです。

だっこのしかた

抱くときは、犬の後ろ側からゆっくり持ち上げる

おなかの位置に同じ方向を向くようにだっこする

人間の赤ちゃんを抱くように、犬のおなかを上にして抱くのもよい。どちらも服従性を養う抱き方

優越感を生じさせないように、犬の頭が人の肩より上に出させないようにする

問題行動（悪いクセ）の直し方

犬がかなり高い知能と感情を持った動物であることは、だれもが知っているでしょう。そして、わたしたちが愛情をそそげば、それに十分こたえてくれる動物でもあります。

実際、犬が人の心に与えてくれるよろこびと安らぎは、犬を飼ったことのない人には理解できないものといっても、いいすぎではないでしょう。

しかし、そうした幸福感を得るために飼い主がはらわなければならない精神的・物質的負担は決して少なくありません。ひとたびしつけをまちがうと、手に負えない問題行動を起こし、夜も眠れないほど悩むといった事態になりかねないからです。

犬の問題行動の原因は、病的なものを除いては、おかれている環境と成長期のしつけにあります。それは、飼い主の責任です。単にしかったり罰を与えることは、なんの効果もありません。原因を探る必要があります。ここでは、よく見かける問題行動をとりあげ、その対処法を見ていきましょう。

場合によっては、信頼のおける獣医師に相談したり、専門の訓練士による調教を受ける必要もあるでしょう。

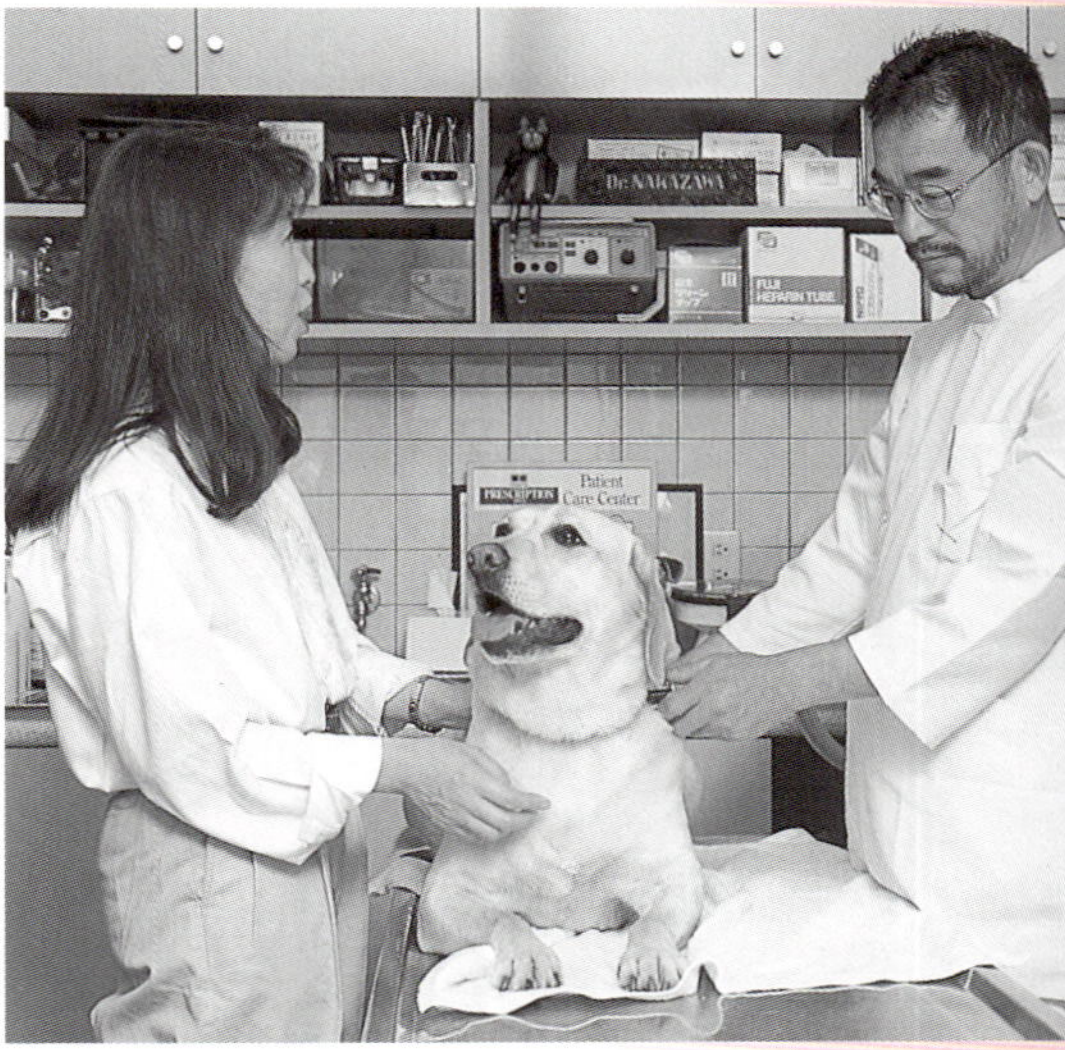

問題行動のなかには、飼い主では矯正することが難しいケースもある。場合によっては去勢手術も必要になるので、獣医師に相談しよう

問題行動が発生する原因

うるさくほえたり、人にかみつくなどの好ましくない行動が発生する背景には、何かしらの原因が必ずあり、そうした問題を起こす犬のほとんどは、権勢症候群と分離不安症候群にあるといえます。

権勢症候群の犬とは、飼い主が犬のいいなりになって従属的に接した結果、犬が本来的に持っている支配欲が増長して自分がボスと思うようになり、わがまま放題の行動をとるというものです。

分離不安症候群の犬とは、たとえば近ごろは日中留守をする家庭が増えてきましたが、孤独感から遠ぼえやむだぼえ、家具などの破壊、室内に尿をしたり糞をする、また自分の毛をかきむしったり、体をかむなどの問題行動となって現れるものです。

したがって、問題行動を起こす場合は、何が原因なのかをチェックして、犬の生活環境を改善する必要があります。

●チェックポイント　自宅の犬に問題行動があるとき、何が原因なのかをチェックしてみましょう

1	飼い主がリーダーとしての威厳を持っているか	
2	散歩などの運動を十分に行っているか	
3	犬の住環境に問題はないか	
4	家庭内の人間関係が悪影響を与えていないか	
5	健康状態や栄養状態に問題はないか	

母犬や兄弟犬から離された子犬は非常にさびしい状態にあり、心理的ストレスが大きい。十分なケアーで分離不安症に陥らないようにしよう

体罰はやめる

たたいたりけったりすることは、犬を懐疑的にし、人間不信の原因となるので絶対に避ける

問題行動を矯正する際に、訓練士によっては初期の兆候が見えた時点で足腰が立たないほど締めあげ、いわば力ずくで強制することもあります。

こうしたやり方は直接対決法といわれ、服従性を高める効果をねらうものですが、強い人には従っても、力のない女性や子ども、年寄りには逆に強くなってしまうことがあります。また、生まれつきプライドが高く、気質の強い犬には、かえって人間不信の原因となりかねません。

強い人には多少の遠慮を見せる場合があっても、相手が御しやすいとみるや、以前にも増して凶暴になる危険があるからです。当然、かなりの経験と技術を有する訓練士でなければできません。

家庭で行う場合は、軽いねじ伏せ程度にとどめるべきでしょう。

また、訓練時に暴力的体罰を加えることもさけるべきです。飼い主への信頼感をなくし、ひねくれた犬にしかねません。犬はほめて教育するもので、体罰でしつけるものではないことを十分理解しておきましょう。

運動不足がほえる原因になる場合もあるので、自転車で散歩するなどして過敏な犬にしないことが必要。ただし、体力をつけすぎるとわがままを増長することがあるので注意する

よくある問題行動 1

うるさくほえる

うるさくほえる、いつまでもほえる、これらの原因は、いくつか考えられます。ケースごとに対処法、矯正法を見ていきます。

臆病で警戒心が強く、神経が過敏であることからうるさくほえる

原因

このケースに関しては、生まれつきの性格ばかりでなく、子犬のとき（社会化期）に十分なしつけがなされなかったことに原因があります。

矯正法

子犬のときからの社会化馴致が大切で、町の雑踏の中に頻繁に連れて行き、騒音などに慣らして、神経質な面を改善していきます。

また、重要なのは、神経質にほえなければならないような環境には置かない、ということです。玄関わきや往来の激しい道路のそばなどでなく、身の危険を感じなくてすむような場所に移してやります。このようなケースでは、環境によるストレスを除いてやるだけで、十分な効果が得られることがほとんどです。

運動不足が原因と思われるケースでは、散歩で十分に運動をさせ、肉体的な疲労を感じさせることで、過敏さを減少させていきます。

過敏な性格にならないように、子犬のときから十分なしつけをしておこう

縄張り意識が強く、訪問者や配達人に激しくほえ、時にはかみつこうとし、飼い主の制止をきかない

コインを入れた空き缶を用意し、犬と視線を合わさずに無言のうちに投げつけていく

原因

このケースは、明らかに犬自身が家族の中のボスだと思い違いしている例です。

矯正法

飼い主の強いリーダーシップが必要です。P.58の「飼い主がリーダーシップをとるポイント」を参考にして、リーダーとしての強権を発揮してください。また実際に犬がほえているときには、次の方法を実行してみてください。

空き缶に10円玉を2、3個入れたものを、たくさん用意します。制止してもほえるのをやめないときには犬と視線を合わせないようにして、無言で缶を犬の方向に次から次へと投げつけます。

このとき、犬が比較的自由に動ける状態にあることが条件です。拘束されている状態では恐怖感を起こし、反抗的になりますから注意してください。

散歩のときに犬が遅れても犬のペースに合わせず、無視して人間のペースで歩くことで、犬の服従性や順応性を強める

自我が強く（わがまま）、事があればほえて自己主張する

原因

このケースは、飼い主が犬のいいなりになってきたことの結果で、犬は「ほえれば何かしてくれる」という学習をしてしまったのです。

矯正法

この場合にも前ページのケースと同様、飼い主の強いリーダーシップが必要となります。また、ほえても人が行かないことを犬に教えることです。

室内で、家族のみんなからチヤホヤされ、ベタベタとかわいがられてきた犬の場合には、家族からの無視も効果があります。

これは、犬の存在をまったく無視することで、犬の服従性と従順性を強めていく方法です。具体的には犬を見ない、言葉をかけない、なでない、犬の行動に追随しない、ことなどです。犬は気を引こうとしますが、負けてはいません。

ほえても無視して、人が行かないことを教える

よくある問題行動2

食事中、近寄る人を威嚇したり攻撃する

原因

このような犬も、自分自身がボスだと思い込んでいます。下位の者が食器を持っていれば「早くよこせ」とほえ、へたに「オアズケ」などやれば、かみつかれるでしょう。

矯正法

この場合も、飼い主の強いリーダーシップが必要であり、犬との主従関係を明確にすることです。具体的に、次の方法を実行してください。

まず、犬を縄張りの外（犬舎から離れる）に連れて行きます。空の食器を犬の前に置き、大きなスプーンで一さじずつ食物を入れてやります。犬が食べてから、10秒ぐらい間をおいて、一さじずつ食物を与えます。

犬は、10秒の間をあけることで、食物は人からもらうのだということを覚え、人は食物を盗むものではないということを学習するのです。ただし、これは犬に対して強い態度のとれる人がやってください。食物を犬にとられないことが肝心です。犬が食物をうばいにくるようであれば、強い制止が必要です。

少しずつエサを与えることで、食事は人から与えられるもの、人から奪うものではない、ということを犬に学習させる。エサを与えるときは、大きめのスプーンを用いてもよい

よくある問題行動3

留守中に室内を荒らす、ほえる、脱糞尿する

原因

原因は分離不安によるものです。しかし健康的に（正常に）成長した犬であれば、ある程度の孤独には耐えられるものです。

幼児期に期が熟す前に群れから離され、心に傷を受けてしまった犬、また、成長してからも飼い主といつも一緒にベタベタした関係を続けている犬は、少しの飼い主の不在にも、耐えることができません。

不安やさびしさをつのらせ、そのフラストレーションは、時にさまざまな問題行動を起こします。それは、壁や家具などの破壊、遠ぼえ、室内での脱糞尿、嘔吐、下痢、自分の毛をむしるなどのかたちとなって現れます。

矯正法

このような問題行動には、まず、留守の時間をすこしずつのばして慣れさせることと、留守する前後の飼い主の無視で対応します。

次ページのイラストのような方法で行ってください。

以上は、徐々に段階を経て、確実に弱い刺激をクリアーしてから、次のステップへと進んでください。

この場合、無視とは、犬の存在を気づかぬふりをして無視することです。よく愛犬家に見られる「お出かけやお帰りの儀式」は、犬の感情をたかぶらせ、留守のときの孤独感を強めてしまいます。留守にする前後30分程度の無視は、犬の激しい感情の起伏をおさえる効果があるのです。

またこの療法は、犬を散歩などで十分に疲れさせてから行うと、より効果的です。

あまりに問題行動の程度がひどい場合には、抗不安剤の併用も考えられます。獣医師に相談するとよいでしょう。

留守中に問題を起こす場合は、最初は留守する時間を短くし、徐々に長くすることによって留守に慣れさせる

留守によるさびしさや
不安感から、室内に脱
糞することがある

【留守する前後の無視で対応しよう】

❶ 出かけるしたくをする→出かけない
留守する前後から無視を続ける

❷ 外に出て、2〜3分で戻る→無視

❸ 出かけては、すぐ戻ることを
何回か繰り返す→無視

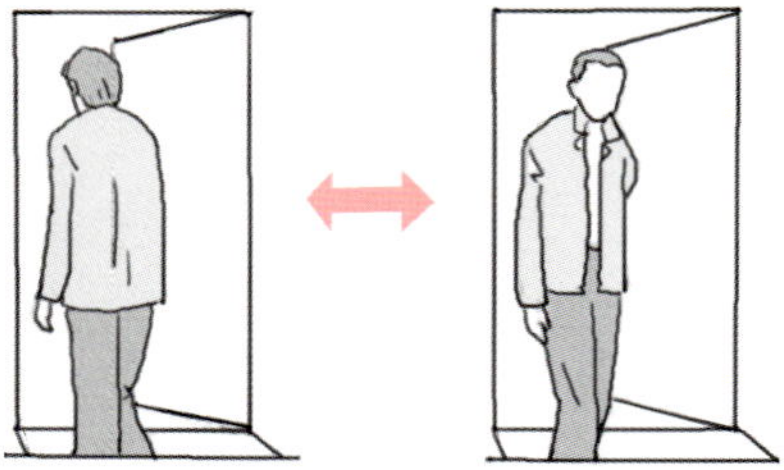

❹ そしらぬふりをして外に出て、家
の中のようすを観察する。外に出
ている時間は、5分、10分、15分、
20分とのばしていく→無視

❺ 出かけるしたくをする→出かける、
30分以内に戻る→無視

よくある
問題行動
4

室内にマーキングする

原因

ふつう、排泄のしつけができた犬は、室内ではマーキングはしないものです。しかし、時として、室内飼育のオス犬が、部屋のあちこちにマーキングをすることがあります。

これは、大勢の訪問客や他の犬の出入りがあった後に起こることが多いようです。自分の縄張りを侵害された、というわけでマーキングするのでしょう。

こうした犬の場合も、幼児期に人や犬に対するしつけが十分になされなかったことや、甘やかされて自分をボスだと思い違いしたことに原因があると思われます。

矯正法

対処法としては、マーキングされた場所のにおいを完全に取り去っておくこと。また、留守にするときには、不安感や孤独感を助長させないためにも、ケージやサークルに入れておきましょう。

矯正法としては、去勢手術があり、50％の効果があるといわれています。黄体ホルモン治療も併用できますので、獣医師に相談することをおすすめします。

きちんとした散歩をすることなどで服従心を養い、十分にしつけておこう

幼児期に甘やかされて育つと、自分がボスだと思い違いして、マーキングするようになることがある

よくある問題行動5

糞を食べる（食糞症）

原因

食糞症は、寄生虫の卵を体内に入れてしまう危険性があり、また不快な習慣なので、すぐにでもやめさせたいものです。

原因はよくわかっていないのですが、食糞症の犬にはいくつかの共通点があるようです。飼い主との接触が少ない、犬舎が隔離されている、何らかの栄養不足、などです。

また、退屈しのぎの行動、糞を食べると人が大騒ぎをするために人の注意を引きたい、などと思われるケースもあります。

矯正法

具体的な対処方法としては、糞便はすぐにかたづけてしまい、習慣化するのを防ぐこと。また、食事にコショウを少しまぜる、あるいは糞にコショウをかけることも効果があるといわれています。

いずれにしても、最初に述べたような原因となる問題はないか、注意深く観察することが大切です。

【犬の住環境をチェックしてみよう】

飼い主とのコミュニケーションが不足していたり、栄養不足などが食糞症の原因になるケースがある

よくある問題行動6

脱走・逃走するクセがある

原因

視覚ハウンドやそり犬の仲間には、放したらつかまらないタイプの犬が多いようです。これらの犬種は、もともと活動的に走り回る用途に合わせてつくられたのですから、その本能である活動能力が抑制されれば、当然起こる結果だといえなくもありません。

このようなクセのある犬の場合には、次のような原因が考えられます。

①隔離されているような状態におかれ、散歩にはたまにしか連れて行ってもらえない。

②散歩に出た際にメス犬の発情臭をかいで帰ってきたため、"恋人"さがしに放浪する。

[やはり住環境のチェックを]

隔離されていたり、騒音がひどい場所での飼育は犬の脱走欲を高める

矯正法

①の場合には次のような対処法を行ってください。

散歩や運動は犬のストレスを解消するために不可欠で、ほどよい運動は脱走欲望を低下させる効果があります。また、運動することによって起こる筋肉疲労は、犬の欲求不満を鈍くさせます。

ただし、脱走癖のある犬のほとんどは、好ましくない環境に置かれています。できることであれば、そのような犬は室内で飼いたいものです。

②の場合には、去勢をおすすめします。

去勢は、放浪癖のある犬のほとんどに効果があり、性的なストレスをなくすことで、犬の寿命をのばし、穏やかな性格をつくることが知られています。

よくある問題行動 7

とびついたり、マウントする

人にとびつくのは人間に対する優位性の現れ。子犬のうちからきちんと矯正しておこう

原因

人にとびついたり、オス犬（メス犬にも見られる）が人に抱きついてするマウント行動は、幼犬期にはいずれも遊戯行動の一つです。しかし、これらの行動は、やがて人に対する優位性を示すものとなり、ほおっておけば支配性に変わり、威嚇しながら行うことにもなりかねません。

矯正法

矯正法としては、柔道の大外刈りを活用して犬を倒す方法が有効で最適です。少しかわいそうな気もしますが、遠慮がちにやれば効果はありませんから、思いきってやってください。

二本足で立ち上がっている犬の後足の外側に矯正者の足をかけます。そしてそのまま犬の足を手前に引きます。犬はドスンと倒れますが、矯正者は無視して何事もなかったようにふるまいます。この方法は、犬の顔を見ないようにして、無言でにこやかに行うことがポイントです。何が起こったのか、犬がわからないようであれば大成功です。

ただ、この方法には自信がないという人であれば、とびつく犬の矯正法として次の方法をおすすめします。

犬がとびついたら、無言で背中を見せて無視を続ける。犬がまわりを回るようなら、壁などに向かって立ち続ける。犬が静かになるまでは口をきかず体を動かさない。

犬はとびついても何の反応も得られないことを知り、悲しくさびしい思いをします。そして、この行動の空しさを学習するに至るのです。

マウント行動に関しては、大外刈りができないのであれば、去勢手術をおすすめします。

[とびつく犬の矯正法]

●足払いの方法

とびついてきたら、立ち上がっている犬の後足の外側に足をかけて無言のうちに払う。
犬が倒れても無視して、何事もなかったようにふるまう

●壁に向かって立ちつづけて無視する

●無言で背中を見せて無視する

犬の訓練士・訓練所

犬のしつけや訓練をしたいけれど忙しい。また、自信がないなどの場合には専門の訓練士に依頼する方法があります。

訓練士に依頼する場合には、「預託訓練」「出張訓練」「犬を同伴しての訓練」の三通りの方法が一般的です。ただし、訓練所によってはその一部しか対応しないところもあります。

いずれにしても、訓練士のいうことはきいても、飼い主のいうことはきかないというのではなんにもなりません。費用や場所など、いろいろ条件によるでしょうが、効果的な方法をよく検討して決めることが大切です。

預託訓練

犬を一定の期間、訓練所に預けて訓練をしてもらう方法です。犬にとっては団体生活を経験することで社交性を身につけることもでき、わがままな性格であれば矯正することもできます。

ただ、訓練終了後には、飼い主が正しい接し方をすることが大切です。飼い主も、しつけや訓練について学ぶ必要があり、それが訓練の成果を左右することになるからです。

「かわいいさかりに子犬を預けてさみしかった」という感想もあります。

出張訓練

自宅に訓練士が通って訓練をする方法です。できれば、飼い主も訓練に立ち会い、一緒に学ぶ姿勢が大切で、訓練士から学ぶ知識は大きいといえるでしょう。

犬を同伴しての訓練を受ける

ヨーロッパやアメリカでは、この方法が最も一般的ですが、日本では残念ながらあまり普及していません。愛犬と一緒に飼い主も正しい訓練を受けることができるメリットが大きい方法です。

訓練所、訓練士への依頼については、日本訓練士連合会（TEL 0492-62-2201オールドッグセンター内）か各畜犬団体などに問い合わせるのがよいでしょう。最寄りの訓練所、または訓練士を紹介してくれるはずです。

事前によく打ち合わせる

訓練を始めるにあたっては、内容についてよく打ち合わせをしておくことが大切です。基本的なしつけなのか、一般の訓練試験科目をマスターすればよいのか、または競技会に出場させるための訓練なのか、希望を明確にしておく必要があります。

訓練料金については、1か月に6〜10万円をみておけばよいでしょう。ただし、地域によっても、訓練の内容によってもかなりの差があるので、事前に問い合わせておくことが必要です。

PART 3

犬の感覚機能

もっと知っておきたい
犬の感覚器官

感覚とは生身の体が受ける外部の刺激が、神経によって脳に伝わることで生じる意識作用・感じ方のことです。鼻や耳などのさまざまな感覚器官を使って、犬はどんな感じ方や利用のしかたをしているのでしょうか。予備知識として知り、理解することがしつけや訓練をする際の早道となります。

1 嗅覚《きゅうかく》 人間の百万倍の能力

犬にとって、嗅覚は最も優れた能力のひとつです。その「鼻のよさ」は、人間のおよそ100万倍ともいわれています。警察犬や麻薬捜査犬が、その鋭い嗅覚を生かして、犯人逮捕に協力していることはよくご存じでしょう。最近では、地震などの災害でガレキの

下に埋もれた人たちを見つけだす救助犬の活躍もよく知られています。それでは、犬はどのようにしてにおいを感じているのでしょう。

におい（臭気《しゅうき》）を感じるしくみ

空気中のにおいの分子は主に鼻孔から入り、鼻粘膜と付随する器官に刺激を与えます。臭神経に変えられた刺激は脳に送られてにおいとして感知されることになります。

鼻孔以外に、ヤコブソン器官も臭気を感じる器官です。デンマーク人の発見者の名にちなむ器官名で、臭気の取り入れ口が上顎切歯列の後ろに2個あります。口中にあるので、あまり目立ちません。

犬はときとして、上唇をピクピク上げて（威嚇時に見せるような表情でフレーメンという）、この穴からにおいをかぎます。唇をピクピク上げるのは

鼻の構造とにおいをかぐしくみ

犬の嗅覚は超高性能のにおい探知機。鼻孔から入った臭気は、嗅覚細胞が密集する鼻粘膜に送られ、化学的信号に変えられて脳に伝わり、においとして感知される

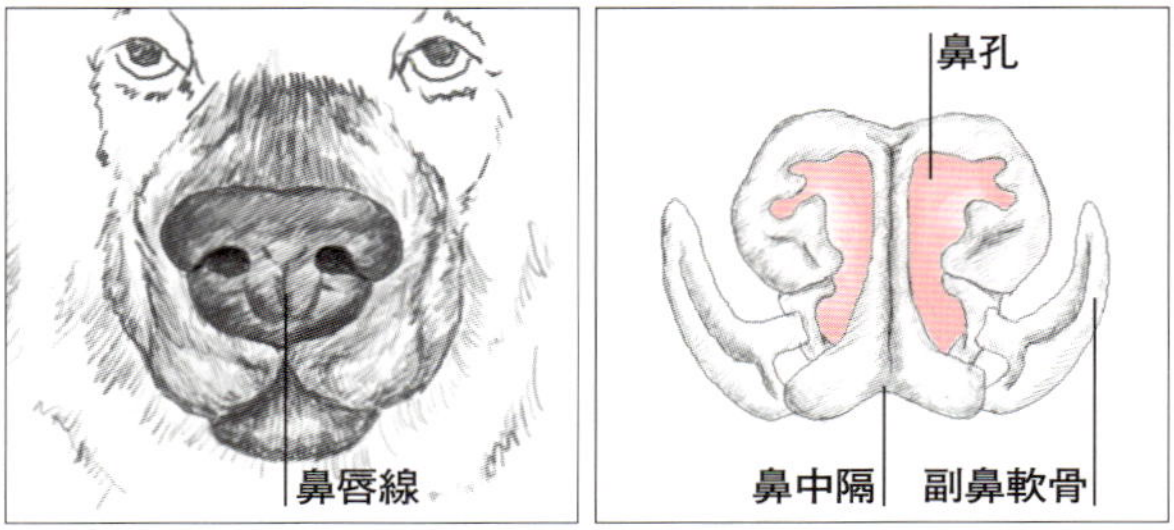

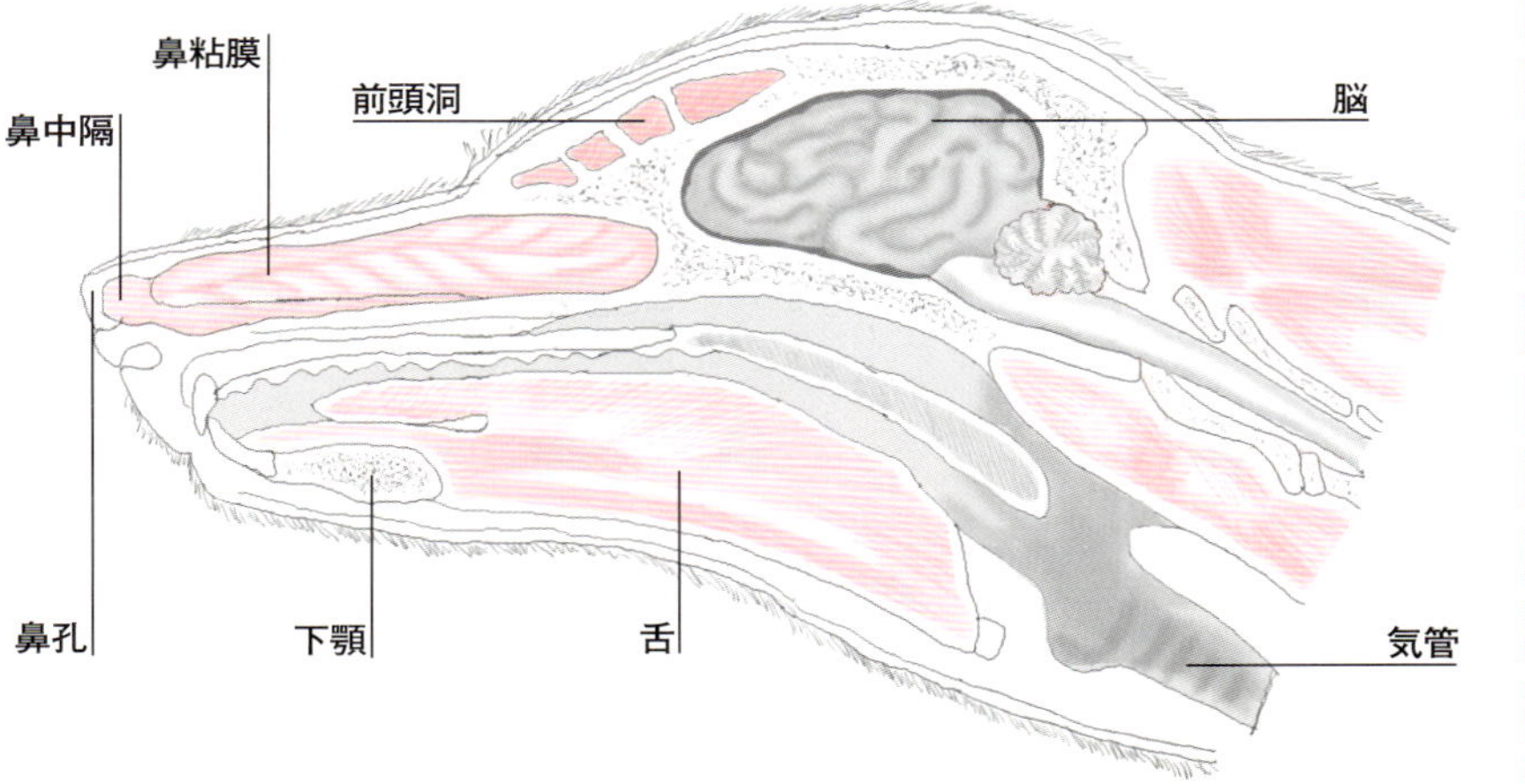

鼻孔道を閉じてヤコブソン器官へ臭気を導入するためと思われますが、ここを通った臭気の行き先が性意識を支配する脳の視床下部につながっていることとから、異性のフェロモンによく反応し、交配時や地面についた発情臭をかぐときによく見せるフレーメンという顔つきになるのです。

鼻粘膜の大きさは人間の大人で4～5㎠ですが、犬でもシェパード犬では200㎠もあります。人間に比べて嗅覚が発達しているのは、吸気のかなりの部分が鼻粘膜のほうへ導かれていくことと、四足歩行のため鼻孔をにおいのもとに接近させやすく、においを感じる臭細胞と脳細胞が臭気の考察・メモリーに優れているからです。

嗅覚と行動

少数の例外はありますが、ほとんどのほ乳類は嗅覚が敏感で、コミュニケーションにも嗅覚を利用しています。四足歩行であることとエサを捕獲したり外敵からの防御が嗅覚の進化をもたらし、発達した嗅覚を利用してさまざまな社会行動が行われています。

人間は2本の足で直立して歩くようになったことから大脳が発達し、頭部の形状も変化して、視覚を優先した進化の道をたどってきました。したがって嗅覚能力は貧弱です。

犬は、嗅覚をコラムのような広範な

鼻のタイプ

口吻の長いタイプの犬は、鼻ぺちゃタイプの犬より嗅覚が優れる傾向がある

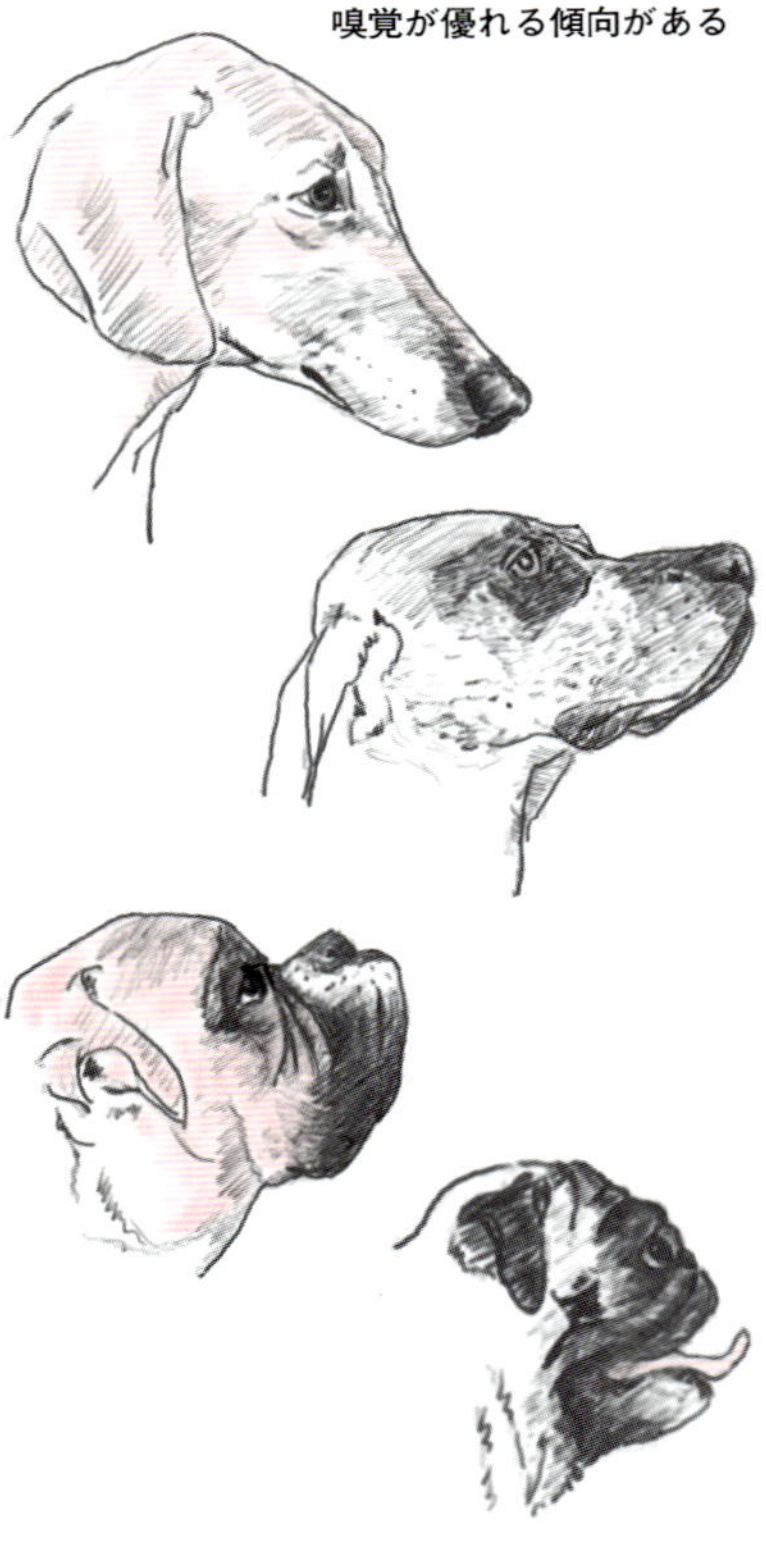

COLUMN

嗅覚を使った犬の行動

■栄養本能に基づく、狩猟・捜索・追跡・選択・摂食に関する行動

■繁殖本能に基づく、生殖行動と機能の活性・養育に関する行動

■社会的本能に基づく、自衛・逃走・防衛・歓迎・警戒・監守・闘争・群棲・権勢・服従・帰巣に関する行動

行動に利用して生活しています。

このほかに、社会的交流に頻繁に嗅覚を利用するためのにおいづけの行動があります。

犬は臭気による記憶力が最も強い

人間には感知できなくても、犬は微妙な体臭の変化をも学習し、察知する能力が発達しています。学習した記憶は、臭気を伴うことであれば脳に最も長期にわたって記憶させておくことができるシステムになっています。

たとえば、昔の飼い主が老いて様変わりしてしまっても、あるいは変装してわざと気づきにくくしても、再会したとたんににおいをかぎ分け、それと判別します。

においで影響を受ける内分泌器官

脳で感じた臭気は、内分泌（ホルモン）系や各部の行動を起こさせる器官に刺激を与えているので、室内で1匹だけで飼われていて、他犬のにおいをかげない環境下にいる犬などに微妙な影響を及ぼすことがあります。

メス犬の発情が遅れたり、健全な発情でなかったり（オスを誘引するフェロモンの分泌不足や排卵しなかったり、交尾がうまくいかないなど）することが多いものです。逆に、散歩に出たときなどにオスの尿のにおいをいつもかいでいるメス犬は、正確に発情期を迎えやすいといえます。

またオス犬で、散歩から帰ってから脱走事件を起こし、放浪するといった行動を繰り返す犬がいます。これは、散歩中にメス犬の発情臭をかいだために異性を求めて脱走を図ったのがその理由です。

何頭もの子犬を飼育している場合、1頭が発情すると、その発情臭をかいだほかの犬が同調するように発情することもありますが、この現象をウィッテン効果といいます。

COLUMN

嗅覚を利用して犬をなれさせる方法

他人になかなかなれない犬は、飼い主やその家族のにおいのついた衣服を着用すると、安心して心を開いてくれる傾向を示すものです。

また、その家族でいつも使用している香料などを犬に吹きつけておき、来客にも吹きつけて共通の臭気をもたせると、犬が安心して来客によるストレスを防げるようです。

よその犬と遊んで帰ってきた飼い主の体をかぎまわり、他人との接触の有無も感知しますが、いずれも犬にとって気分のよいものではないらしく、不機嫌そうな動作を示します。

嗅覚によるコミュニケーション

犬を連れて散歩に出ればすぐわかることですが、犬は常ににおいをかぎながら歩きます。犬の行動は、ほとんどがこのにおいで決められるといってもよいぐらいで、さまざまなコミュニケーションをとっています。

初めて会う犬同士は、肛門腺から分泌される臭気を丹念にかぎ、個体臭気の確認をしたがり、身分証明をしているような行動で自分との関係を推し量っています。

縄張り外に出たとき、飼い主や仲間の人、仲よしの犬に対して尿をかけ、群れの仲間としてにおいづけをするオス犬も多くいます。これは、所有と支配を誇示する行動で、特に権勢本能の強い、生意気な犬はこのような行動を頻繁に見せます。

自己の縄張り内を誇示（侵入禁止）するために、縄張りの境界に尿をしたり、他犬の縄張りに名刺がわりに放尿してにおいづけ（マーキング）する習性があるのも、同様の理由による行動です。ただし、気弱な犬はできません。犬たちはこのようにして臭気をかぐことによって情報を得ているのです。

犬は電柱によく尿をかけますが、電柱に他犬の尿のにおいがなければ放尿することはありません。したがって、門や塀に臭気がない状態を維持できれば、犬に放尿されない確率は高くなるといえます。消臭剤でもカルキ臭は犬を呼ぶようです（マーキング臭は人間社会の掲示板のようなものといってよいでしょう）。

2 方向感覚（方向覚）

野生のイヌ科動物はエサを求めて巣から離れ、かなり遠くまで出かけます。リカオンやオオカミも狩猟のためには1回に30km以上も遠征することがめず

らしくないといわれます。

獲物を得たら、見知らぬ土地から子どもたちのいる、また、群れの待つ巣に戻らなくてはなりません。こうした行動から必然的に方向覚が要求され発達してきました。発達した方向覚は効率的な生活を保証することにもなるのです。

この方向覚の発達は帰巣性能力に大きく影響します。方向覚は電磁感覚（電磁気により体内に備わったコンパスが働く）、嗅覚（住みなれた地域のにおい）、視覚（慣性誘導システム）、時間覚（体内時計）などをつかさどるさまざまな感覚器官がかかわっていると想像されますが、十分にはわかっていません。

現在の犬たちにもその感覚は遺伝しています。犬は生後3週間を過ぎるころから探索行動と帰巣行動ができはじめますが、1か月もたつとより強まり、巣から出たり入ったりしながら行動半径を広げてテリトリー（縄張り）をつくっていきます。こうしたなかで方向覚が養われていきます。

犬は自分のテリトリーや家に愛着を強く持ち、自分の位置を確立しますが、そのためには主人と犬の交流によるきずなの深まりや、主人の家が犬自身の家として愛着が生まれなければなりません。そこへ向かって帰家しようとする欲望の強さが、長い月日や距離があったとしても回帰欲望を強め、方向覚を働かせて帰家を可能にするからです。

たとえペットショップやよそから成犬になってから譲り受けた犬でも、こうした愛着が根づけば、放しても帰ってくるでしょう。買ってきた鳩などは生まれた巣に戻ってしまうものですが、犬は飼い主とのきずなが確立していれば定着するものなのです。

COLUMN

犬の帰家本能には個体差がある

アメリカでは過去に6,000kmも離れた場所から6か月もかかって帰家した犬もいたように、世界中でこの種の話題は多く、犬の優れた方向覚は証明されています。

犬の帰家性も個体差があって気質差（社交性）や愛着度（慕情の有無）などによっても差が現れます。たまにしか外に出されず、監禁された状態で飼い主とのきずなが弱い犬たちでは、脱走を試みたり逃亡する傾向が見られ、帰家しない場合が多くあります。

近ごろは犬も長寿となり痴呆症から帰家不能の場合も増えています。常日ごろから運動のために外へ連れ出して環境に慣らす訓練が十分にしてあれば犬の帰家性は健全に育ち、家に帰れないということも減るでしょう。

3

聴覚

八万ヘルツまでも

犬の持つ警戒本能と狩猟本能が聴覚を不可欠とし、これを進化させてきたことは明らかでしょう。一般に人間は20~20,000ヘルツまで聞こえるといわれていますが、犬は個体差や実験方法によって差はありますが、80,000ヘルツという高音にまで反応を示した実験データもあります（1秒間の振幅数をヘルツといい、少数ほど低音を表す。犬は高い音のほうによく反応する）。

4,000ヘルツ以上の音が連続して発生すると、その音に同調して遠ぼえする犬が多くなります。救急車のサイレンやバイオリン、ハーモニカなどの音に合わせて遠ぼえするのは、これらの高音を群れから迷った犬の遠ぼえ（助けを求める救助信号）として受け止め、それに呼応して「ここにいるぞ」と叫ぶ救助信号なのです。

人間は犬が歌をうたうといって、勝手によろこんだりしていますが、犬にとっては悲しい心理状態、悲壮感に似た生得的反応といっていいでしょう。

音を聞く方向の範囲が広い犬は、また多くの騒音を聞くことにもなります。それだけストレスが大きくなり、心拍数増加、消化液分泌減少、代謝量

耳の構造と音を聞くしくみ

耳介によってとらえられた音は、外耳道を介して鼓膜に伝わり、鼓膜の振動が平衡器官を刺激して音を増幅する。こうした音は蝸牛によって化学的信号となって脳に送られる

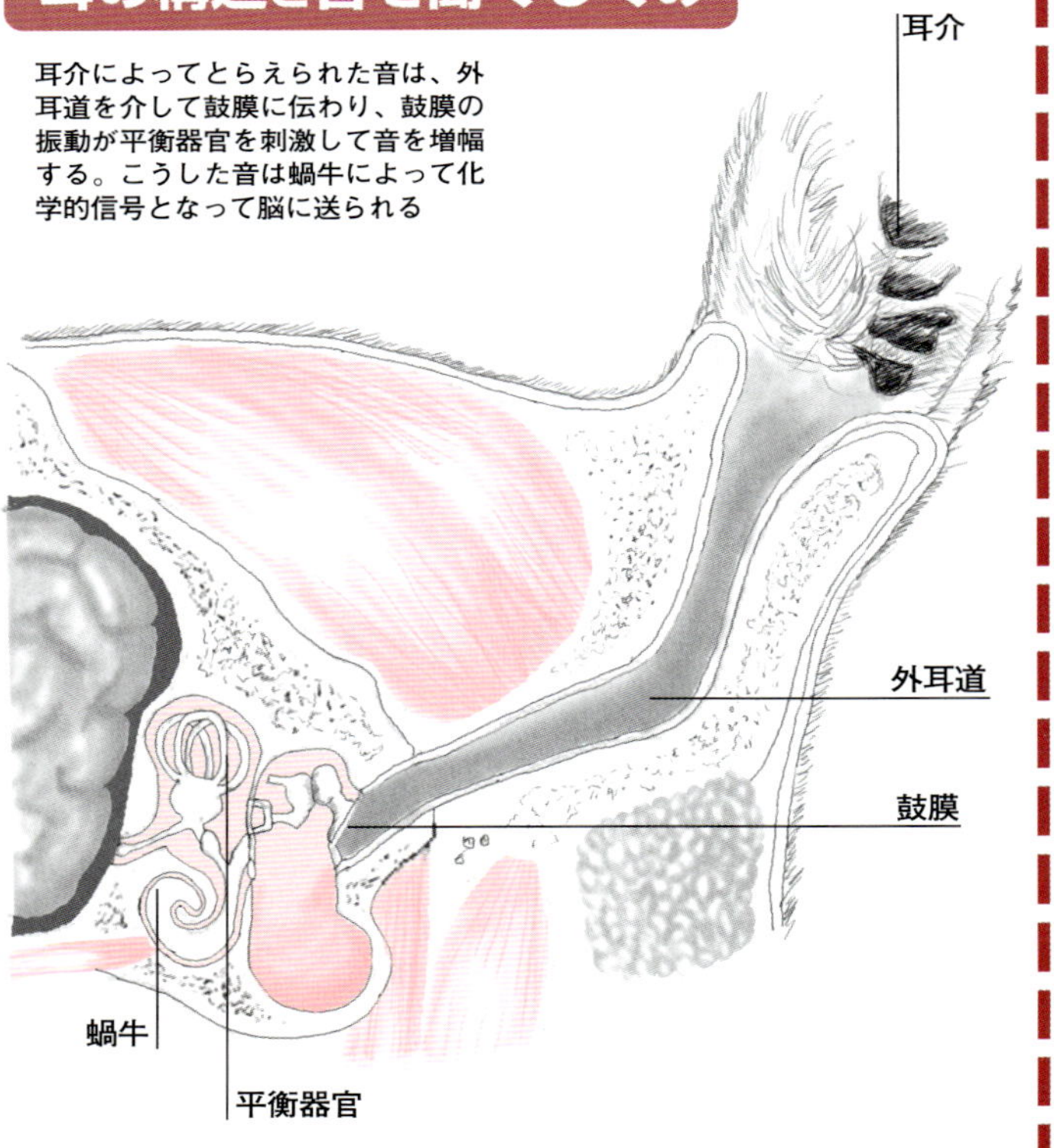

耳の形いろいろ

増加などの症状を現すことがあります。発育阻害、自律神経失調、不安症などや落ち着きのない性格をつくりだすことがないよう、環境の急激な変化による騒音地帯での飼育管理には十分な配慮が必要です。

耳の形状

耳の形状は集音能力に関係しますから、直立した耳が有利であり、垂れ下がった耳は不利といえます。

しかし、ガンドッグ（鳥猟犬種）グループに属する犬たちはすべて垂れ耳をしています。これは、鳥を撃つときに犬のそばで銃を打っても、垂れた耳が遮音効果をもたらして銃撃音が鈍く感じられるようにつくられているのです。

また、視覚ハウンド（獲物を見て追う獣猟犬種）は、獲物を追って疾走するときの空気抵抗を少なくするように、やはり垂れ耳を持っています。

聴覚の発達と衰え

犬は生後10日ごろまでは耳孔を閉じており、生後20日ごろから、どちらかといえば高い音のほうにより反応をみせるようです。この時期、低音には触覚神経で反応しているように思われます。音に反応して敏捷に行動を起こせるようになるには、生後13週ぐらいを要するでしょうが、個体差や犬種差があります。

犬の聴覚は2〜4歳を頂点として、以後しだいに衰えます。早いものでは8歳ぐらいで耳が遠くなるものもいますが、これも個体差があり、12歳でも確実な聴覚を示すものもいます。

音におびえる犬

雷や花火の音に恐怖感を抱く犬も多いものです。こうした音におびえを示す犬を専門的に「音響シャイの犬」と呼びます。原因は生まれつきの場合が多いようです。

後天的には、環境に作用されることがあげられます。たとえば、音におびえたときに周囲にいる人間たちが同じように恐怖感を示すと、犬はそれを見てより恐怖感をつのらせます。人の恐怖反応が強く犬に影響を与えるのです。泰然自若として何くわぬ素振りを示すことで、犬に恐怖感を学習させないことが必要です。

COLUMN

呼んだ方向へ確実にくるようにしつける方法

公園などで犬を放して遊ばせているときに、迷って、呼んでも異なる方向へ走っていってしまい、あわてさせられることがあります。こうしたことを防ぐためには、いつも呼んではエサを与える条件反射行動を強化する方法がよいでしょう。

最初は家庭内から始め、徐々に屋外で行います。そして、しだいに遠くから呼びこんで練習すると音源定位のしっかりした犬にすることが可能となります。呼ばれた方向に反応する行動は、学習による部分が大きく影響します。

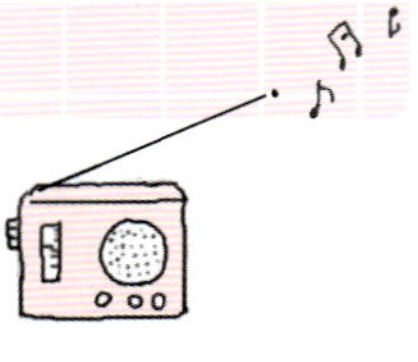

4 時間感覚（時間覚）

動物は生まれながら体内に生理的な変化に基づいた時間覚を持っていて、地球の自転など概日リズムや外界の影響から隔離されても体内時計（生物時計）で知覚していることが知られています。

雪の日も風の日も11年間、亡くなった主人を渋谷駅で待ち続けた忠犬ハチ公物語はよく知られた実話です。このエピソードは犬の持つ正確な時間覚と飼い主との誠実なきずなを物語っていますが、時間の経過を知り決まった行動を起こすのは、犬が時間の観念を持っているからと考えられます。

体内時計と習慣的行動

私たちが飼っている犬でも、そのような行動をとることはめずらしいことではありません。特に定時刻にスケジュールされた習慣的行動はよく覚えます。たとえば、朝になると必ずほえる犬がいますが、これは規則正しくその時間に散歩へ連れて行った結果です。

また、食事時間も一定時間に決めて与えるとすぐ覚えます。室内飼育では家人が出勤・帰宅する時間を犬はよく知っているので、時間がずれたりすると分離不安からストレスを起こし、ものをかじったり、ひっかいたりの破壊活動をすることがよくあります。

訓練にあたっては、こうした時間覚を念頭に置かなければなりません。たとえば、待たせて招呼（「マテ」のあと「コイ」）する場合、いつも同じ時間間隔（定時隔スケジュール）で招呼していると、招呼を命じなくてもその時間がくるときてしまうので、間隔を変え（変時隔スケジュール）て招呼するとか、呼ばないで犬の元に戻ることをたびたび試みるなどの方法が必要となります。

実際に訓練する場合、短時間に区切って何回も行うのと、連続長時間とを比較すると、前者のほうが犬ののみこみが早く、よろこんで行います。定時隔スケジュールや変時隔スケジュールも、犬の持つ時間覚の応用なのです。

5

視覚

白黒の世界で生活

生まれたばかりの子犬の目は閉じていて、個体差はありますが目が開くまでには生後10～16日ほどかかります。

明るい場所にいる子犬ほど早く目が開く傾向があります。

ただ、目が開いたばかりのときは角膜も灰色でよく見えているわけではなく、凝視するような動作を示すことがあります。あまり見えていないための確認行動と考えるのが正しいでしょう。いずれにしろ、生後1か月半ぐらいまでの子犬の視力は貧弱なのがふつうです。

元来、夜行性の肉食動物から進化した犬の視力は、夜の行動では嗅覚や聴覚のようには発達しなかったと考えられています。また、犬が近視で色覚もないといわれるのは次の理由からです。

目の構造とものを見るしくみ

瞳孔を通って入った光は、虹彩によって量を調節されながら網膜に像を結ぶ。網膜の後ろには視神経が通っていて、網膜がとらえた視覚情報を脳に送る

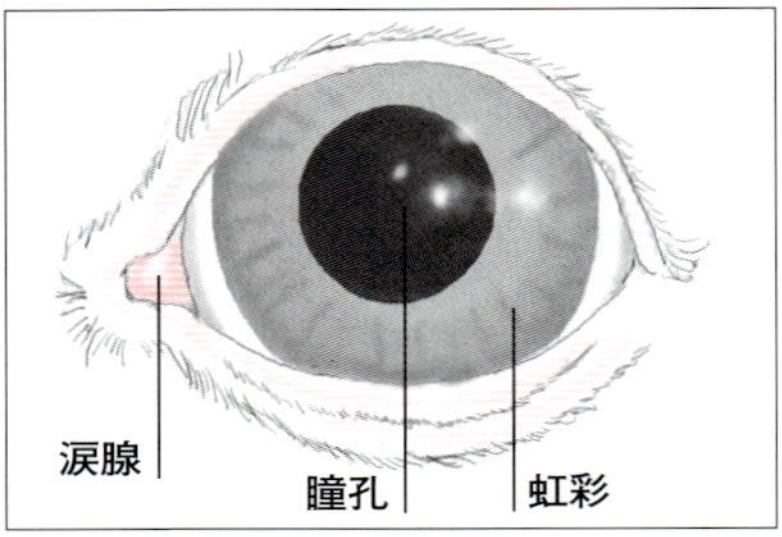

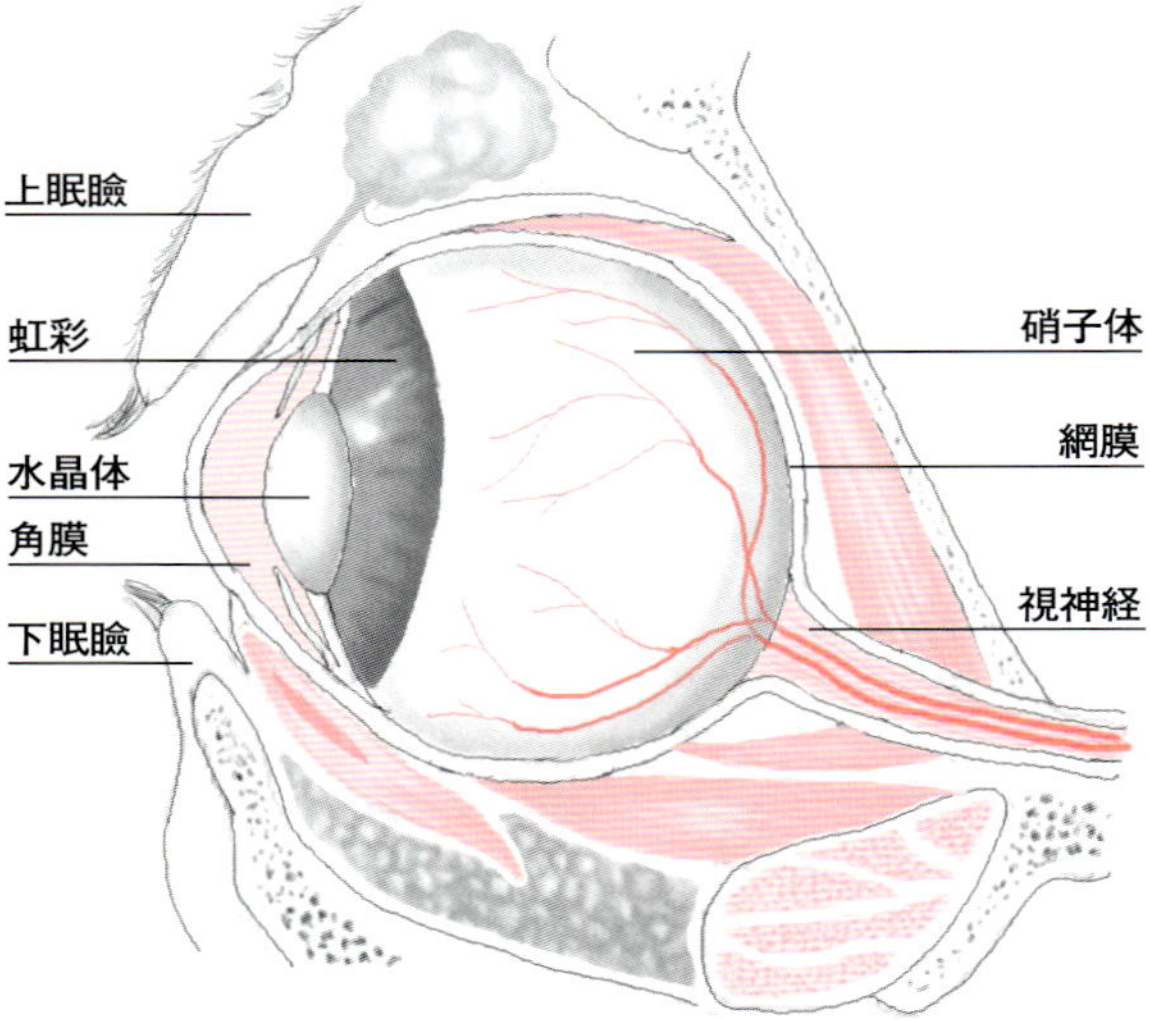

犬が近視の理由

カメラでいえばレンズにあたるのが水晶体です。犬の水晶体は厚く、人の2倍もあります。ところで、ものを見るためには焦点を合わせるための調節が必要となりますが、この働きをしているのが水晶体の円周にある毛様体筋です。

毛様体筋が収縮することで、水晶体を引っぱって薄くして遠くを見たり、

弛緩させることで、筋をゆるめて水晶体を厚くして近くを見たりすることを可能にしています。

ところが、犬の場合には水晶体が厚く、毛様体筋の働きも弱いところから、能力が劣るため近眼なのです。そこで、確認行動には嗅覚と聴覚を併用して行います。

遠くのものでも動くものにはよく反応する

嗅覚や聴覚には劣る犬の視覚ですが、動くものに対して興味を持ち、遠方の動くものには反応をみせます。テレビなどの動画にも反応しますが、静止画面や絵画には興味を示しません。

遠方を見る能力は、一般に体高に比例する傾向があり、大型犬ほど遠視行動が容易なところから、視覚による遠くの知人や不審者、獲物の発見などには大型犬に分があります。

色覚がなく暗視力がある理由

水晶体から送られた光は網膜で像を結び、電気信号に変えられて視神経によって脳に送られ、ものとして認知されますが、網膜にある視細胞には明るいところで色を見分ける錐体細胞（カラー細胞）と、杆体細胞（モノクロ細胞）があります。

犬の網膜では、杆体細胞がほとんどを占めており、色を識別する錐体細胞は約5％しかありません。したがって、犬は白黒の世界を見て生活していることになるのです。

しかし、杆体細胞はわずかな光線でも反応する高感度フィルムのような働きをするため、暗闇でものを見る暗視力は人間より強いことになります。また、網膜の後ろには照膜という反射板の働きをする細胞があって、わずかな光線でも網膜に反射させるため、暗い場所での視力を高めます。暗闇で犬の目が光るのは、この照膜の反射作用です。

こうして、暗闇の中でも不自由なく行動することができるのです。

COLUMN

眼の光で年齢を推定する方法

犬の目が暗闇で最も強く光って見える年齢は３～４歳といわれています。

アフリカの野生動物監視官が野生動物の年齢別群棲数の統計調査を行うときにも、暗闇時に遠方から双眼鏡で監視し、動物の眼光で年齢を推定する方法が応用されているといいます。

人間が手探りで歩くような暗闇でも犬は行動でき、「夜間山中での人命救助作業の帰途、危うく崖から転落するところを救助犬の迂回動作で難をまぬがれた」という報告など、たくさんの例が伝えられています。

6

味覚

味には鈍感

犬は、うま味、塩味、甘味、苦味、酸味、辛味など、それぞれに十分感じるようですが、人間の味覚と比べると、味を感知する舌の味蕾《みらい》細胞の神経組織は鈍感にできているようです。もっとも、そのおかげでものをくわえて運んだりできるといえるかもしれません。

群棲する肉食動物であった犬には、群れで狩りをし、獲物をわれ先にむさぼり食う習性がいまだに残っていて、おおまかに食いちぎって丸飲みをするため、咀嚼《そしゃく》して味を楽しむことはしません。好みのものほど、瞬時に飲み込む習性があります。

こうした習性に味覚の発達を阻害した一因があると考えられています。草食性の動物が毒草を分別しながら食べて発達してきたような味覚感度は犬にはありませんが、子犬時代から食べつ

舌の構造と味を感じるしくみ

味を感じるのは、舌の表面に並んでいる味蕾と呼ばれる部分。かみ砕かれて唾液と混ぜられた食物が味蕾に接触すると、その刺激が神経を通じて脳に伝わり、そこでどんな味かが判断される。ただし、犬の味覚は人間に比べて落ちるようだ

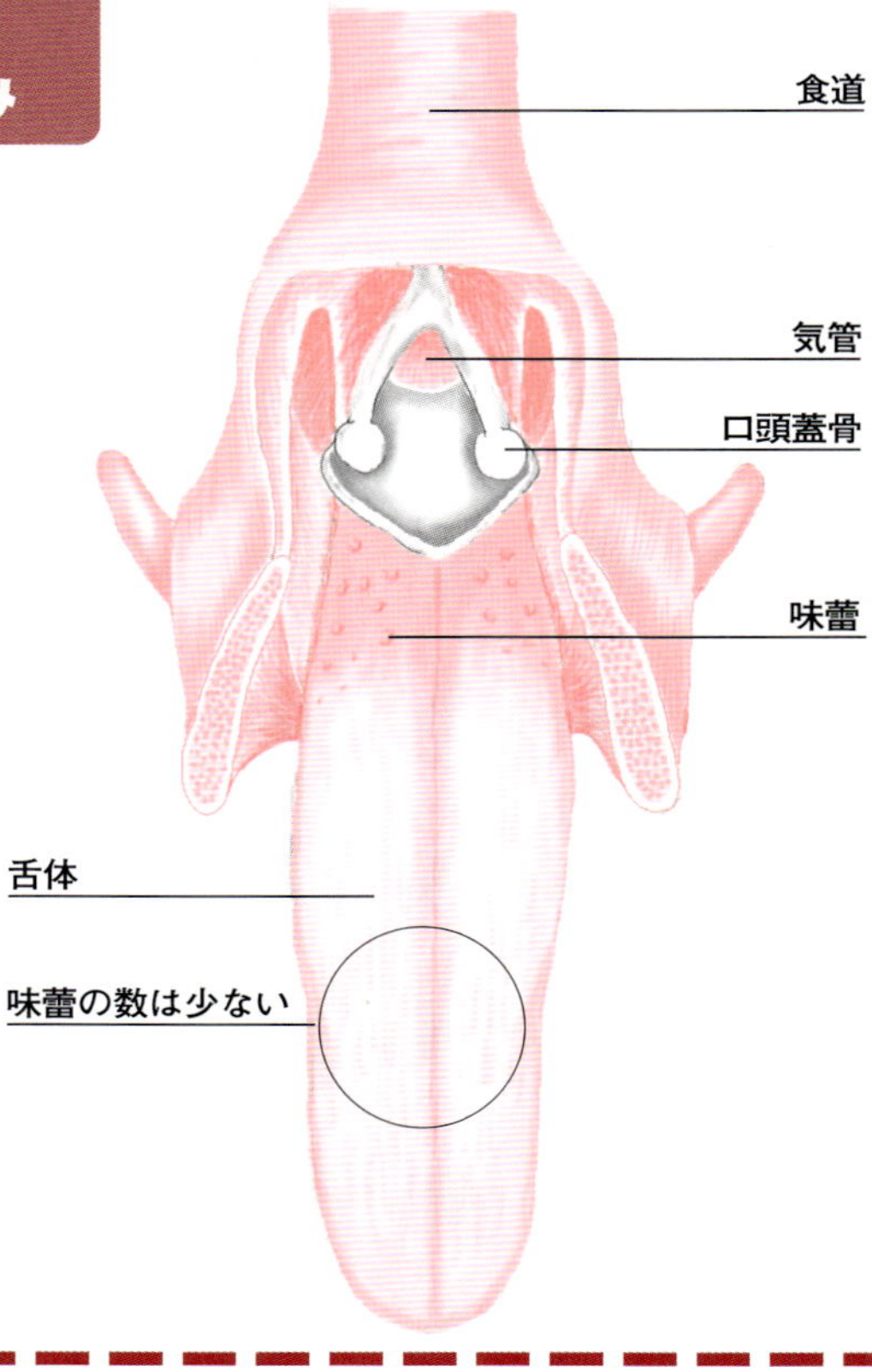

歯の構造

犬の歯は永久歯が42本（乳歯は28本）、上アゴに20本、下アゴに22本生えている。犬歯の根本は太く、先端はとがっており、臼歯は山形に並んでいる。これは肉食動物であった証拠で、獲物をかみ殺したり、肉をかみ砕いたりするのに都合のよい構造になっている

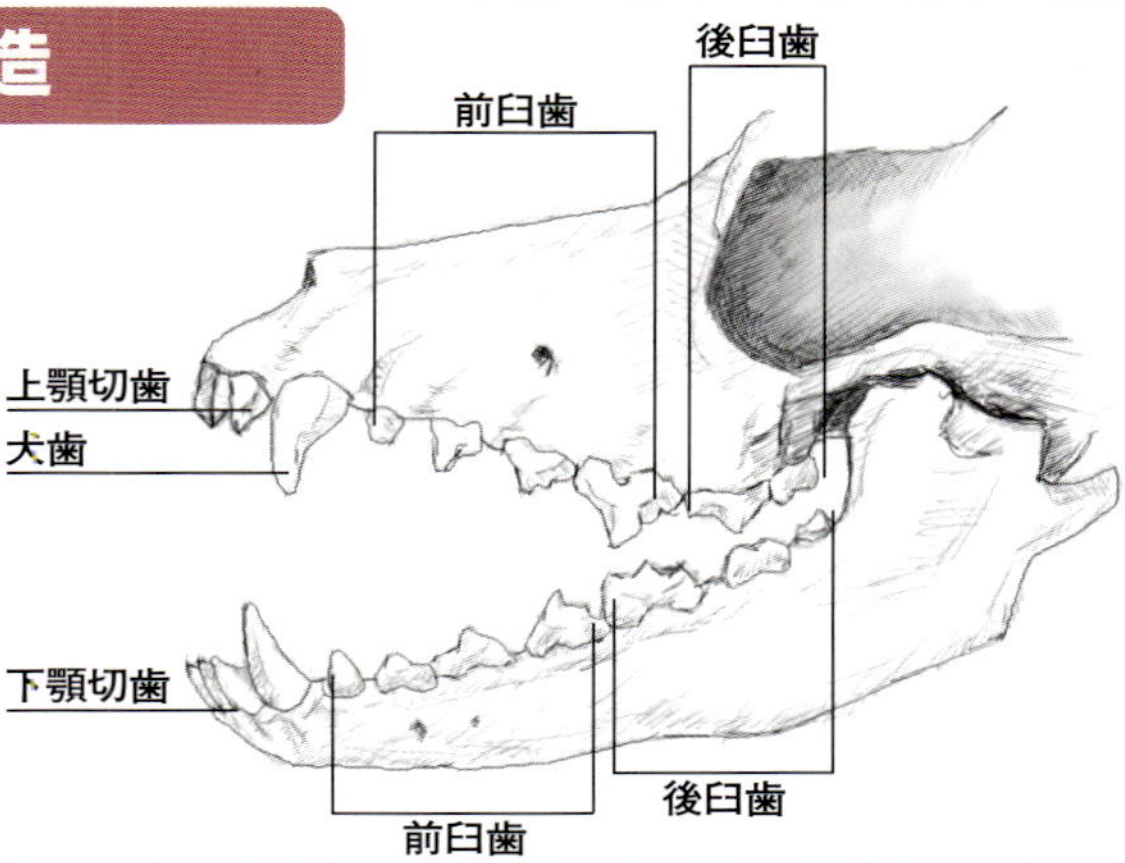

けたものを好む傾向があって、正常な状態では生肉を食べた経験のない犬は、与えてもよろこびません。たいがいは煮たもののほうをよく食べますが、家庭の食習慣が影響してきていることは疑いのない事実でしょう。

犬が好む食べ物

食べ慣れた食品ではにおいが強いほど好みますが、動物性食品でも食べつけつけないものは臭気が強いほどいやがる傾向があります。室内飼育では飼い主やその家族が食べているものを欲しがることが多く、果物やなかには漬物を好むようになる犬もいます。

好物のにおいによって犬の食欲は高揚しますが、それでも美味覚が伴わないものは持続しません。ドッグフードの選択は飼い主にとっても悩むところですが、食習慣や個体差の違いなどもありますので、ドッグフード・メーカーにとっては、味つけの選定に頭を悩ますところでしょう。

COLUMN

犬が好む味の調べ方

個体差のある美味の飼い主側の選定方法のひとつに、その食品をベイト（訓練のときに用いるツリエサ）に使い、訓練やしつけの期間中そのベイトが犬をどれくらい引きつけられるか試す方法があります。強烈な美味のベイトは難度の高い訓練でも犬はよろこんで反応してくれます。

犬の味覚は鈍感ですが、人間の繊細な味覚の感じ方と違うだけであって、犬には犬なりの味覚があることを理解することが必要といえるでしょう。

犬がよろこぶからと毎日バラエティーに富んだメニューのエサを与えていると、味覚も発達するのか、かえって好き嫌いの選り好みを増幅させることもあるようです。

7

触覚

生存に不可欠の感覚

触覚が敏感な部位

犬の触覚の敏感な部位は、鼻鏡・耳・指先・足の裏・尾などの体端部です。これらの部位を不意にさわられると、脳幹反射によってかみつく反射が起きます。

瞬間的にかみつくということの行為は自己防衛のためで、自然の中で生活している場合においては、何かにさわられた瞬間と防御行為の間に一瞬の迷いがあると、非常に危険な状態に陥ることがあるからです。触れたものが何かを振り返って確認していたら、命を失うことにもなりかねません。

したがって、そうした反射行動を助長しないためにも、社会化期に体の敏感な部分をいつも触れたりなでて、人

犬の体の敏感な部位

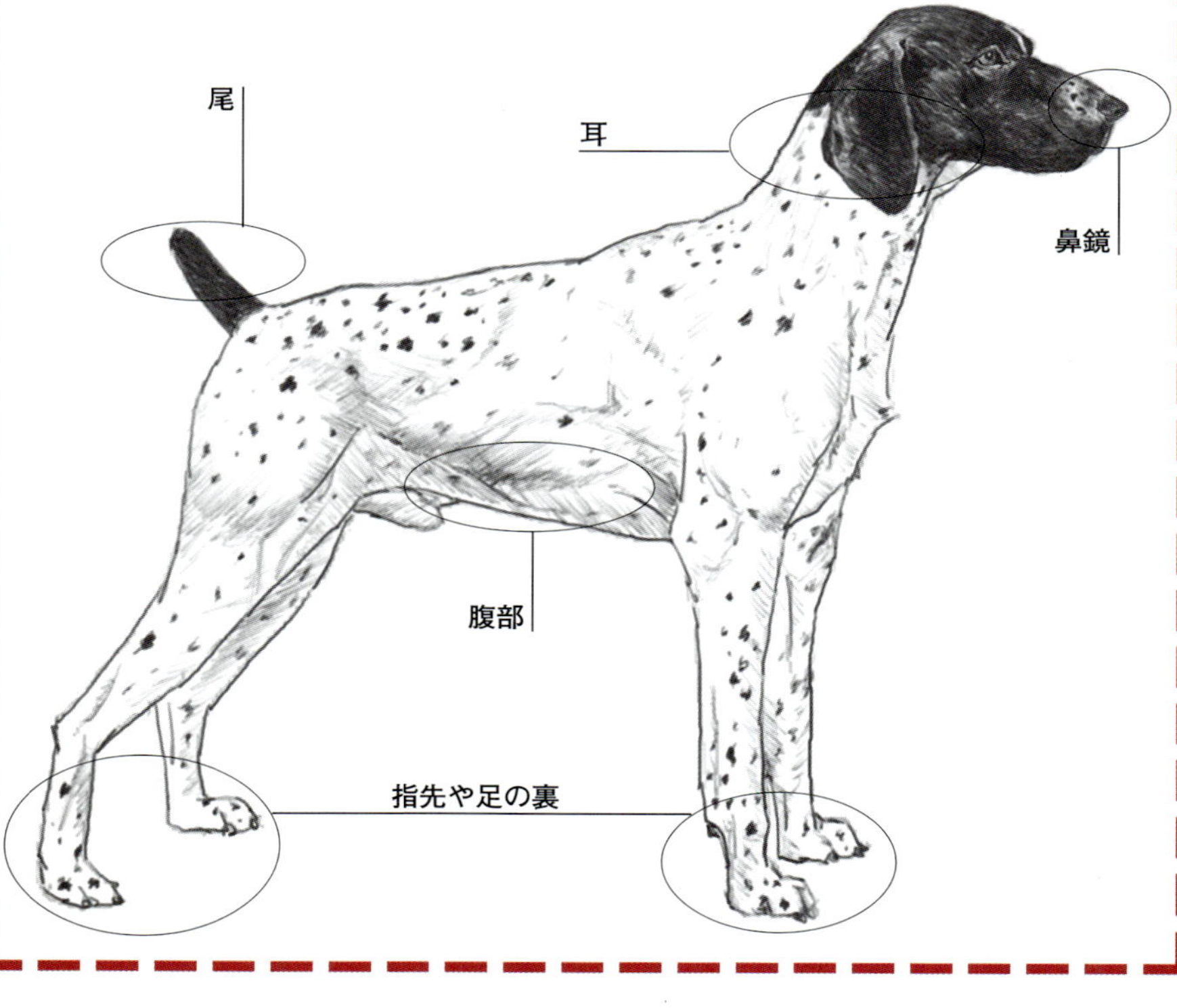

COLUMN

子犬における反射行動のいろいろ

- **着地反応反射**●前足の指先に触れると、体を移動する。
- **ルート反射**●前頭部を手のひらで囲むと、突進するするように力強く押してくる。この反射は、母犬の腹の下にもぐって乳房に吸いついたり、暖をとるのに欠かせない触覚反射行動である。
- **交差伸筋反射**●後足の片側の指先をつまむと、反対側の足を伸ばす。
- **耳鼻頭部反射**●口吻、頭部、耳などにさわると、それらの部位をさわっているほうに向け、さわられている間じゅう、向けつづける。
- **口唇吸入反射**●唇に触れるものに吸いつく反射行動で、母乳を吸うという生活能力を表している。
- **排尿便反射**●生まれて間もない子犬は、陰部や肛門を刺激されないと、自力で排尿便ができない。母犬がなめて刺激することによって、排泄することができるようになる。

がそこをさわることは自分をかわいがってくれる行動だと、犬に思わせておくようにすることが大切です。獣医師の診察を受けるときや手入れをするときなどに、犬を自由に扱うことができるためにも必要なことです。

生きるために必要な接触感覚

「かゆい」「痛い」「なでられて心地よい」といった圧力感覚や、「熱い」「冷たい」という温度感覚も触覚です。

子犬は出生後、視覚や聴覚が機能するまでの間は嗅覚と触覚に頼って生きています。寒ければ体を寄せ合って、暑ければ散らばって寝ますが、生まれて間もない子犬は体温の自己調節をすることができないので、接触感覚に頼って暖をとっているのです。しかし、それにも限界があり、子犬の死亡原因の70%は寒さによるものです。

したがってこの時期の子犬は、接触感覚によるさまざまな反射行動が生きるために必要になっているのです。

しかし、生まれつき持っている接触感覚による反射行動は、生後約10日で消失します。この反射が消失することは、それにかわる機能が順調に発育していることをも意味します。犬の成長に従って、飼い主は以下の点に留意して、犬との接触を深める必要があります。

タッチング効果

子犬は、社会化期（生後70日）の間に十分繁殖者（ブリーダー）のスキンシップが行われないと、野性的な性格となり、人にさわられることをいやがり、人間との強い愛情のきずなを持つことが不可能となります。極端な場合は、さわるとかみついたり、手入れを拒み抵抗する犬になりかねません。

この時期の人によるタッチング刺激（皮膚接触、なでたり抱いたりすること）を密にすることは、触覚感覚を増幅して人間に対する犬の信頼感を増幅させ、かわいい性格の犬にすることができます。また、犬の将来の幸福をもたらす素因をつくることにもなります。

マッサージで信頼感を得る方法

後頭部から背腰部に至るトップラインを毛の生えている逆方向になでてやると、ストレスや緊張感から解放されて信頼感を高める

マッサージ効果

成犬になってからもトップライン（後頭部から背腰部に至る部位）をマッサージしてやると、ストレスや緊張をほぐし、信頼感を増す効果を生みます。これらの部位は自律神経が活発に活動する場所で、背中の毛を逆立てて不安や脅えを表す部位でもあります。

難度の高い訓練や犬が精神的に葛藤している状態時には、この部位の毛を逆方向になでてやると、犬は身ぶるいしてよろこび、ストレスを解消してやることができます。

触覚報酬

ペットの動物の多くにいえることですが、スキンシップは人間と動物の心をかよわせるために大切な手段です。なかでも、なでてほめられて一番よろこぶ動物は犬といってよいでしょう。体をなでてほめることは、しつけや訓練に欠かせない必須の触覚報酬です。

訓練を命じた際、素直にしたがったら必ずなでてやりましょう。「ヨシヨシ」というほめ言葉を同時にかける習慣をつければ、なでなくてもなでられたと同じ条件反射が生じて、短いほめ言葉だけで効果を生むようになります。

8 平衡感覚 訓練で発達

犬の平衡（バランス）感覚は、樹上に住む動物に比べると当然おとりますが、木登りのうまい犬がいたり、綱渡り、2本足で立って歩く、チンチンなどを上手にこなす犬もめずらしくありません。こうした動作は、平衡感覚が働いてできるものです。

車に酔う犬

この平衡感覚は、乗物に酔うといった困った問題にも関連します。多くの犬は車に乗せられるのを好みます。最初のうちは酔うことがありますが、慣れると酔わなくなるものです。平衡感覚は、内耳にある三半規管などの平衡器官で感知し、体のバランスを保つのに必要な情報を脳に伝達しますが、体の重心移動のコントロールができなくなったときに酔いが起こります。

酔うと内臓諸器官にも影響が及び、吐き気や嘔吐、心拍数の上昇がみられます。しかし体内調節は、たび重なる経験で正常化します。また心因的な作用も影響し、車の揺れに身をまかせるようなリラックスができるようになれば酔わなくなります。神経質であったり過敏な犬では、短時間のうちに何回も車に乗せることが訓練に役立ちます。不安感を解消することになるからです。

権勢症候群の犬は車の動きを支配しようとして、車の動きに抵抗し、車の揺れに身をまかせようとしないものですが、このタイプの犬は長時間のドライブで疲労させ、抵抗がむだであることをわからせるほうが、効率的に車に慣れさせることができます。

また、幼犬時からホールドスチールやタッチングをまめに行えば従順になるので、車の揺れに身をまかせて、早く車に慣れるようになります。平衡感覚は訓練によって発達し、高い所にも怖がらずに上れるようになるものです。

犬の体、各部と骨格の名称

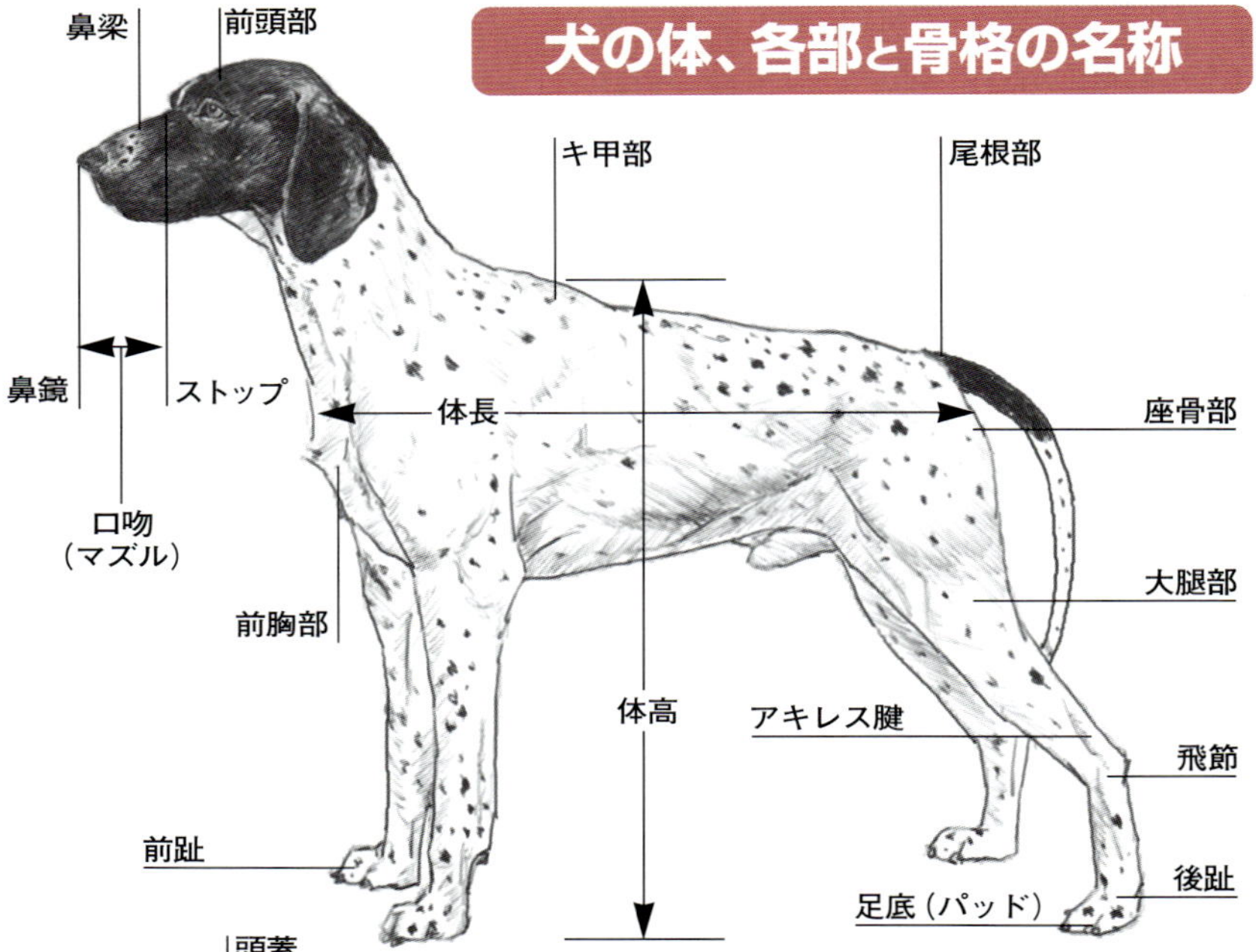
鼻梁
前頭部
キ甲部
尾根部
鼻鏡
ストップ
体長
座骨部
口吻
（マズル）
前胸部
大腿部
体高
アキレス腱
飛節
前趾
後趾
足底（パッド）

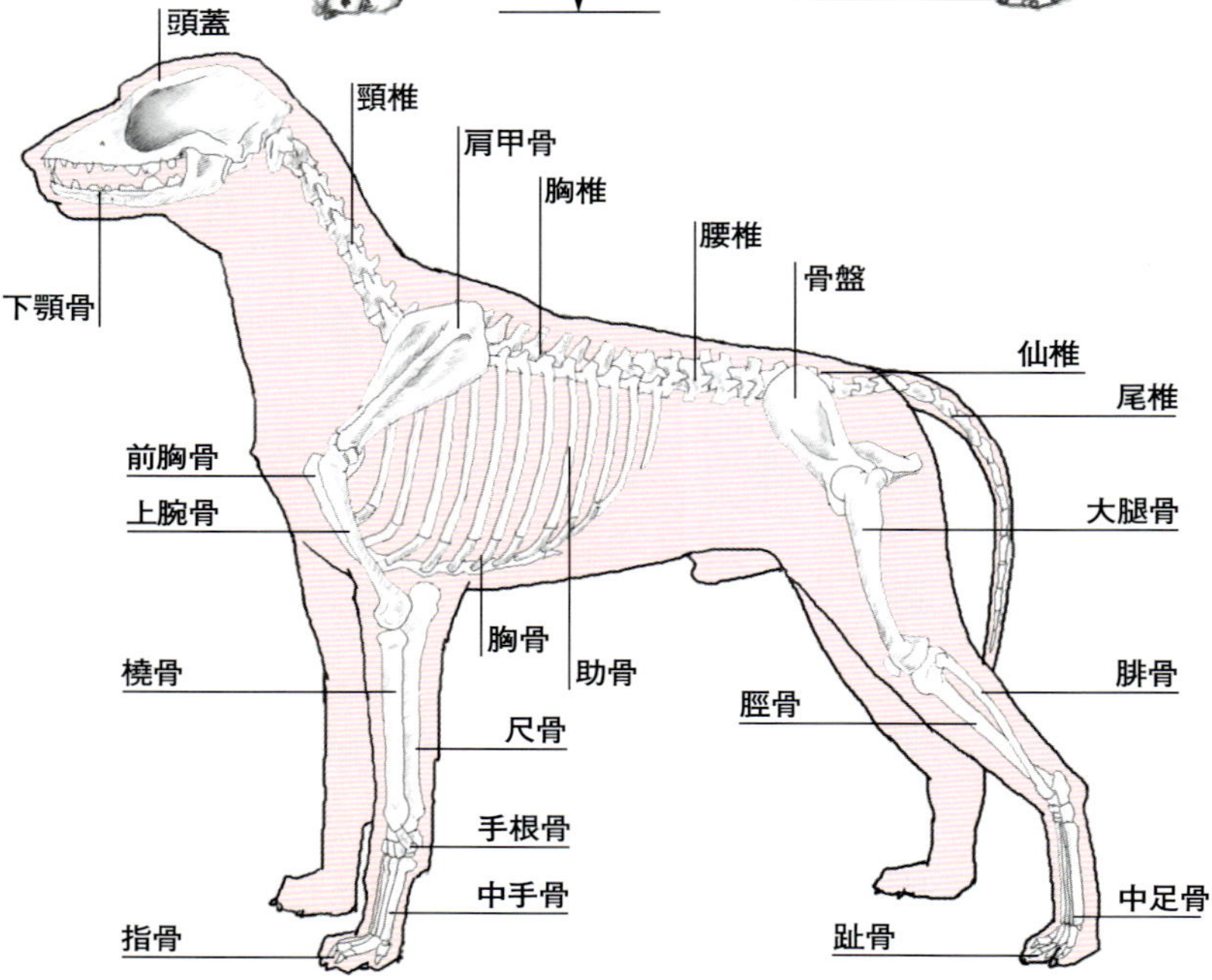
頭蓋
頸椎
肩甲骨
胸椎
腰椎
下顎骨
骨盤
仙椎
尾椎
前胸骨
上腕骨
大腿骨
胸骨
肋骨
橈骨
腓骨
脛骨
尺骨
手根骨
中手骨
中足骨
指骨
趾骨

●監修者紹介 ―― 藤井 聡

[ふじい さとし]

1953年生まれ。(株)オールドッグセンター常務取締役、付属日本訓練士養成学校教頭。

(社)ジャパンケンネルクラブ(JKC)訓練範士、A級訓練試験委員、アジリティ指導員、国際訓練試験(IPO)審査員。(社)日本警察犬協会(PD)公認一等訓練士、(社)日本シェパード犬登録協会(JVS)公認一級訓練士。埼玉県警察犬本部嘱託警察犬指導手。総理府動物適性飼養教本作成委員、動物適性飼養講習会講師。

1992、93、96、97、98年度WUSV(ドイツシェパード犬世界連盟)主催訓練世界選手権大会に日本代表選手として出場。98年度はPD本部より日本代表チームのキャプテンを任命され、個人では第8位に入賞。団体では第3位に入賞の成績を残す。1994、95年度FCI(国際畜犬連盟)主催訓練世界選手権大会に日本代表として出場。日頃は訓練士の養成に関わりながら、しつけ啓発活動の講師として日本全国で活躍中。

●訓練指導 ―― 福知 飛鳥

[ふくち あすか]

(株)オールドッグセンター付属日本訓練士養成学校教員、(社)ジャパンケンネルクラブ・(社)日本警察犬協会・(社)日本シェパード犬登録協会公認訓練士。

●撮影 ―― 野沢雅史、平野時義

●写真協力 ―― (有)エススタジオ(佐々木耕一)、(株)オアシス、山本ユキ、狩野晋

●イラスト ―― 竹口陸郁、谷川紀

●本文デザインDTP ―― 萩原秀子

犬《いぬ》のしつけと訓練法《くんれんほう》

●監修者 ―― 藤井 聡 [ふじい さとし]

●発行者 ―― 若松 範彦

●発行所 ―― 株式会社 西東社《せいとうしゃ》

〒113-0034 東京都文京区湯島2-3-13

TEL (03)5800-3120 FAX (03)5800-3128

http://www.seitosha.co.jp/

ISBN4-7916-1048-2